西昌市2018年度科技项目（18SFYQ29）资助

高寒山区青刺果

实用栽培技术

GAOHAN SHANQU QINGCIGUO
SHIYONG ZAIPEI JISHU

张 宇 蔡光泽 陈建宾
张 勇 杨永生 ◎编著

四川大学出版社

项目策划：毕　潜
责任编辑：毕　潜
责任校对：周维彬
封面设计：墨创文化
责任印制：王　炜

图书在版编目（CIP）数据

高寒山区青刺果实用栽培技术 / 张宇等编著 . 一 成
都：四川大学出版社，2020.5
　　ISBN 978-7-5614-7833-2

　　Ⅰ . ①高… Ⅱ . ①张… Ⅲ . ①蔷薇科－果树园艺
Ⅳ . ① S66

中国版本图书馆 CIP 数据核字（2020）第 070958 号

书名　**高寒山区青刺果实用栽培技术**

编　　著	张　宇　蔡光泽　陈建宾　张　勇　杨永生
出　　版	四川大学出版社
地　　址	成都市一环路南一段 24 号（610065）
发　　行	四川大学出版社
书　　号	ISBN 978-7-5614-7833-2
印前制作	四川胜翔数码印务设计有限公司
印　　刷	成都金龙印务有限责任公司
成品尺寸	185mm×260mm
印　　张	6.75
字　　数	162 千字
版　　次	2020 年 5 月第 1 版
印　　次	2020 年 5 月第 1 次印刷
定　　价	29.00 元

◆ 读者邮购本书，请与本社发行科联系。
　电话：(028)85408408/(028)85401670/
　(028)86408023　邮政编码：610065
◆ 本社图书如有印装质量问题，请寄回出版社调换。
◆ 网址：http://press.scu.edu.cn

四川大学出版社
微信公众号

前　言

　　青刺果是蔷薇科李亚科扁核木属植物，别名青刺尖、枪刺果、打油果、阿那斯果（纳西语）、出裸（彝语），是一种木本油料作物。主要分布于我国四川、云南、贵州等西部省（区）海拔 1400～3600 m 的山坡、干旱河谷、树林内及灌木丛中，为常绿或落叶小灌木。最适宜生长在海拔 2300～2800 m 的地区，喜阳光、耐寒冷、多丛生，因其主干带刺而得名。青刺果是一种极富开发价值的"喜凉"植物，经济效益较高，是高寒贫困山区农民增收致富的一种重要经济植物。

　　凉山彝族自治州（以下简称凉山州）位于四川省西南部，地处川西南横断山系东北缘，界于四川盆地和云南高原之间，境内地貌复杂多样，生态环境独特，森林资源得天独厚。凉山州野生青刺果资源极为丰富，优越的自然生态条件为发展青刺果产业创造了十分有利的条件，独特的气候地理条件非常适合青刺果的大规模产业化人工种植。

　　目前凉山州已初具青刺果产业化种植规模，并呈现出良好发展势头。青刺果具有广阔的开发应用前景，合理有效地开发利用青刺果的同时大规模产业化种植并进行深加工，综合效益巨大。

　　本书从概论、青刺果的生物学特性、青刺果育苗技术、青刺果建园及移栽、青刺果田间管理、青刺果的采收与加工利用六个部分详细阐述了青刺果的栽培技术，期望为青刺果的产业化发展提供一定的技术支持。

　　本书由西昌市 2018 年度科技项目（18SFYQ29）资助，其中第一章、第六章由蔡光泽、陈建宾、张勇、杨永生共同编写完成，第二章、第三章、第四章、第五章由张宇编写完成。由于对青刺果的栽培研究时间不长，涉及的内容又相对较多，所以虽然本书在前人研究的基础上有了很大的拓展，但是研究深度和广度仍有待提升，错漏之处在所难免，书中不足之处，敬请广大读者批评指正。

编　者

2020 年 3 月

目　录

第一章 概　论

　　青刺果是蔷薇科李亚科扁核木属植物，别名青刺尖、枪刺果、打油果、阿那斯果（纳西语）、出裸（彝语），是一种木本油料作物。主要分布于我国四川、云南、贵州等西部省（区）海拔 1400～3200 m 的山坡、干旱河谷、树林内及灌木丛中，为常绿或落叶小灌木。最适宜生长在海拔 2300～2800 m 的地区，喜阳光、耐寒冷、多丛生，因其主干带刺而得名。青刺果是一种极富开发价值的"喜凉"植物，经济效益较高，是高寒贫困山区农民增收致富的一种重要经济植物。

第一节　青刺果的起源与分布

一、青刺果的起源

　　青刺果（*Prinsepia utilis* Royle）是一种野生植物，在植物分类学上属双子叶植物纲（*Dicotyledoneae*），蔷薇目（*Rosales*），蔷薇科（*Rosaceae*），李亚科（*Prunoideae*），扁核木属（*Prinsepia* Royle）植物，该属有 4～5 种，为野生种。目前的资料记载显示，青刺果最早是在云南的丽江高原发现的。

　　19 世纪 20 年代，美籍奥地利著名植物学家约瑟夫·洛克博士在丽江展开了长达 27 年的考察，他惊喜地发现在万花凋零的寒冬，玉龙雪山和泸沽湖畔的深山峡谷中，有一种奇特的植物傲然盛开着美丽的花朵，向世人展示出"万物皆眠，唯我独醒"的非凡生命特征，是世界木本油料植物中的一朵奇葩。这种奇特的植物在当地俗称青刺果，当地少数民族长期食用青刺果油的多数都长寿，八十岁以上还能参加劳作或狩猎。

　　在纳西族东巴文的记载中，青刺果被描述为"吉祥树"和"百花之王"。千百年来，当地的摩梭人、纳西族和白族等把青刺果视为神物加以崇拜，祖祖辈辈一直沿袭从青刺果中榨取油脂，并广泛用于民间的医疗保健、护肤、美容，效果十分灵验。在泸沽湖畔，每逢重大节日，男女老少都要喝适量的青刺果油，而摩梭少女更喜欢把青刺果油当作护肤和护发用品，直接涂抹在皮肤和头发上。因此，摩梭少女大都拥有乌黑浓密的长发和白皙的皮肤。

二、资源分布情况

青刺果主要分布于我国西部的四川、云南、贵州、西藏等省、自治区，南亚的巴基斯坦、尼泊尔、不丹，印度北部也有分布。茎尖可食，整株可作药治枪伤，种子可榨油，常生于山坡荒地边缘，或山谷、路旁和林沿。

据《世界植物书库》《滇南本草》记载，丽江地区海拔 2300～3200 m 的高寒冷凉山区是青刺果野生资源的主要分布区。青刺果在纳西语中为阿那斯果（《滇南本草》记载），是一种多年生的稀有木本油料植物，它生长于海拔 1800～3000 m 的山坡、荒地、地边、路边和阴湿山沟灌丛中，尤其适宜在海拔 2200～2700 m 的地带生长，是一种药食兼用的经济植物。

第二节　青刺果的主要价值

青刺果的用途很广，是云南纳西、摩梭、彝族传统的药食两用的植物，根、茎、叶、花、果均可入药或食用，具有清热、解毒、活血、消炎、止痛、消食、健胃等作用，还广泛用于营养、保健、美容、化妆、医药及精细化工领域。其根可治疗虚咳，茎和叶可治牙痛。嫩叶主治痈疽、毒疮和结核病，可鲜食或腌制成咸菜食用。果肉治消化不良，又可酿酒。果核含油率高达 30％以上，可供榨油食用，青刺果油呈浅黄绿色，清凉透明、无异味，是当地少数民族的药食两用的油脂，油饼是上等的饲料。每年端午节，彝族、摩梭人全家老少都要喝一杯青刺果油，传说可以避邪消灾治百病，这一风俗一直延续至今。

青刺果是一种开发利用价值很高的经济植物，在滇西北少数民族地区已有几千年的食药用历史。在东巴经书记载中，青刺果及其油脂在食用、护肤、美容和中药单方等方面都有着广泛的用途，在香格里拉地区纳西族、白族、彝族和傈僳族等少数民族中普遍使用，数百年来经久不衰，被丽江纳西族称为"古城和母系氏族社会的精华"。随着青刺果油的工业化生产，青刺果油已走出高山峡谷，作为高级保健油及保健食品的原料进入国内外的大都市。

一、青刺果的食用价值

青刺果属于木本油料植物，其种子可以用来榨油，种子的含油率为30％～35％。青刺果油是青刺果的精华部分，脂肪酸构成以不饱和脂肪酸为主，含量占76.1％。其中必需脂肪酸油酸及亚油酸的含量达40％以上，单元不饱和脂肪酸——油酸的含量为33.38％，亚油酸的含量为40.82％，脂肪酸构成极为合理。另外，青刺果油中还含有17.2％的棕榈酸和6％的硬脂酸，并含有丰富的胡萝卜素及维生素A、D、E、K等多种维生素，每100 g青刺果油中含有3.5 mg维生素A、2.1 mg维生素D、11.2 mg维生素E和0.3 mg维生素K，还含有非常丰富的钙、硫、锰、镁、钾、磷、锌和铁等常量及微量元素，与其他食用油相比，其中含量最高的元素是钾，含量为9.8 mg/kg。具体见表1-1、表1-2、表1-3。

表1-1　青刺果的主要营养成分　（/100g）

食物名称	能量（kJ）	水分（g）	主要营养素（g）					维生素（mg）			
			蛋白质	脂肪	膳食纤维	碳水化合物	灰分	胡萝卜素（μg）	D	E	K
果实	502	67.0	0.7	2.7	3.5	23.2	2.9	1620	—	—	—
种子仁	3763	—	—	99.9			0.1	3500	2.1	11.2	0.3
干果仁	—			41							

	矿物质（mg）								
	钾	钠	钙	镁	铁	锰	锌	铜	磷
果实	28	1.13	5.9	2.16	0.05	0.05	0.03	0.05	1.13
种子油	0.98	1.02	0.54	0.1	0.28	—	0.06	—	0.6

表1-2　青刺果实中各种氨基酸的含量　（mg/100g）

名称	总量（总AA）	必需氨基酸（EAA）	E/总AA	异亮氨酸	亮氨酸	赖氨酸	蛋氨酸	胱氨酸	苯丙氨酸	酪氨酸	苏氨酸
果实	705	290	0.41	35	54	19	23	29	60	14	38

名称		色氨酸	缬氨酸	精氨酸	组氨酸	丙氨酸	天冬氨酸	谷氨酸	甘氨酸	脯氨酸	丝氨酸
果实		—	61	16	26	28	42	121	62	31	46

表 1-3　青刺果油中脂肪酸的构成比

饱和脂肪酸（%）				不饱和脂肪酸（%）					
豆蔻酸	棕榈酸	硬脂酸	花生酸	油酸	亚油酸	r-亚麻酸	a-亚麻酸	花生烯酸	芥酸
0.1	17.2	6	0.3	33.38	40.82	1.5	0.8	0.6	1.2

青刺果油是营养及保健价值较高的健康食用油。亚油酸不仅能提供人体必需的脂肪酸和能量，它还是 r-亚麻酸的前体，它能维持生物膜的相对流动性和膜正常发挥作用，它的不饱和键可以使血液中的胆固醇酸化，从而降低体内血清和肝脏胆固醇含量，降低血脂。青刺果油含有 2%～3% 的亚麻酸，亚麻酸在人体的代谢中是一种必需的脂肪酸，它可以降低血液胆固醇，调节血脂，治疗高血脂症，维持上皮细胞的正常功能；维生素 D 能调节人体的钙、磷正常代谢，保护与强化皮肤弹性，预防小皱纹发生；维生素 E 主要的生理功能是维持正常的生理机能，有抗衰老作用，并能促进血液循环畅通，抑制皮肤老化及弹性下降；维生素 K 是肝脏形成凝血酶原的必需因子，可调节凝血因子的合成，同时还能促进皮肤有自然弹性，吸收皮下多余脂肪；钾在维持碳水化合物、蛋白质的正常代谢和肌肉正常功能，对细胞内外正常的酸碱平衡和降低血压等方面有重要作用。

青刺果油的特性常数都在非干性油脂的范围内，如橄榄油、花生油等。从三种脂肪酸的比例来看，青刺果油的单元不饱和脂肪酸与多元不饱和脂肪酸及饱和脂肪酸的比例为 1∶1∶0.8，非常接近生理科学代谢营养要求的比例 1∶1∶1 的结构，填补了植物油脂营养功能结构不合理的缺陷，在营养保健食用上无须通过工艺调整结构来满足人体的需求比例，非常符合国际粮农组织对膳食营养的严格要求，亚油酸的含量比世界上最著名的橄榄油高 4 倍。青刺果油的主要脂肪酸组成几乎是油酸、亚油酸、饱和脂肪酸各占 1/3，而芥酸等有害成分含量极少。因此，青刺果油常用来制作高级食用调和油，是一种较理想的绿色保健食用油，用于医药和化妆品领域，被营养学家誉为"可以吃的化妆品"和"人体补充必需脂肪酸的新来源"。

青刺果油是新资源食品，卫生部新资源食品对青刺果油进行的食用安全性毒理学系统评价结果表明，食用青刺果油安全可靠。

二、青刺果的药用价值

青刺果被纳西族、藏族、摩梭人视为"吉祥树"和"百花之王"而加以崇拜。每年的端午节，人人都要喝一小碗青刺果油，据说"吃了可以防病、治病、保健康"。青刺果全身都是宝，主要化学成分为油脂、生物碱、黄酮及多糖类化合物，其根、叶、花和果实均可入药或食用，具有清热、解毒、消炎、活血、祛瘀、止痛、消食、健胃等作用。据史料记载："青刺尖，味苦，性寒，主攻一切痈疽毒疮，有脓者出头，无脓者立消，散结核。"

青刺果的嫩叶和茎的主要功效是消炎、清热、解毒，人畜中毒后，可服用青刺果叶研磨的汁液解毒排毒；用青刺果嫩尖腌制的咸菜，清凉可口、健胃消食，对抑制口腔及肠道炎症有较好的作用；用青刺果花、嫩尖、叶和须根煎服对牙痛及咽喉发炎有明显的消炎止痛作用；用青刺果果实、叶煮水洗脚，可防治和治疗脚气病，消化不良。青刺果油的主要功效是降低血脂、降低胆固醇、调节血压、防治心血管疾病、促进血液循环、增加机体抵抗力等，另有研究表明，青刺果油还有体外抑制血小板聚集的作用，从青刺果中提取的多糖能有效降低糖尿病小鼠的血糖浓度。在当地少数民族地区，青刺果油还常用于涂抹烧伤、烫伤和防治冻疮，青刺果油浸泡蜈蚣后外用涂抹可以治疗风湿性关节炎和顽固性皮癣。

青刺果在民间具有悠久的药用历史，是一味具有广阔开发前景及很高食用、医疗和保健价值的民族药。现已开发出青刺果油、青刺果软胶囊、青刺尖茶等系列产品。

三、青刺果的护肤作用

青刺果油含有丰富的棕榈酸、脂溶性维生素和矿物质，能快速渗透皮肤，使皮肤细腻、润泽嫩滑、干爽，是很好的天然护肤品原料。青刺果油的脂肪酸成分非常接近人体皮肤的脂质组成，与皮肤之间有很好的亲和性，渗透吸收更快，加之具有消炎、润肤和修补皮肤、防冻、促进微循环及抗衰老、营养皮肤的药效作用，使其成为和橄榄油一样的优质护肤化妆品基础油，且有研究表明，青刺果油作为护肤品原油的各项指标皆优于地中海橄榄油。用青刺果油涂脸以润肤、防晒早在泸沽湖畔的摩梭人中广泛流行，因为青刺果油纯天然、安全，丽江当地民众首选其作为婴儿油，其能有效促进婴儿胎毛的脱落，保护幼嫩肌肤。

青刺果在化妆品领域有广阔的应用前景，近年来，国内就有云南、天津、四川等地开发的多种青刺果护肤品上市，如青刺果油精华素、青娜丝面霜、青刺果润肤露、青刺果婴儿护肤油等系列产品。采用纯天然原料替代化学合成护肤产品基质是当今世界化妆品界的流行趋势，而青刺果油正是这样一种不可多得的纯天然护肤油脂。

四、青刺果的保健功能

现代医学研究表明，青刺果油对于防治高血压、降低血脂、防止心脑血管疾病、治疗糖尿病等都具有较好效果。青刺果油中富含亚油酸、α-亚麻酸、γ-亚麻酸等成分，可以维持生物膜的相对流动性和膜的正常功能，维持上皮细胞的正常功能，可以使血液中的胆固醇酸化，降低血清总胆固醇和调节甘油三脂，还可以通过中间代谢物 DHA 起到促进神经系统发育、提高记忆力的作用。γ-亚麻酸的代谢产物能保护胃粘膜、保护肝脏、治疗皮肤干癣症以及杀死癌细胞，它本身还具有缓解阿妥皮炎和痛风等生理功能。青刺果油还具有升高 SOD 值抗氧化活性的作用。因此，青刺果油被营养专家誉为"人类补充必需脂肪酸的新来源"。纳西族、摩梭人健康长寿很少发生心血管疾病据说正是得益于经常食用青刺果油。

五、青刺果的其他功能

青刺果除了作为药物、食物、护肤品、保健品外，还具有一些特殊的利用价值。随着对青刺果研究的深入，人们发现青刺果乙醇提取液对水果的保鲜效果良好，并且通过测定糖度、酸度、维生素 C 等指标发现水果生理变化推迟，营养损失较少。将青刺果种子榨油后的籽粕添加到鸡饲料中喂养肉鸡，能提高血清抗体，提高鸡抵抗疾病的免疫力。青刺果中多糖含量也较高，提供了新的植物多糖资源，有助于开发更多的天然药物佐剂。青刺果油的理化性质及脂肪酸的组成结果表明，青刺果油是最适合做生物柴油的原料油之一。综上所述，青刺果作为一种特色植物，极具开发和利用价值。

第三节　青刺果开发利用前景

青刺果繁殖容易，种子现采现播发芽率高，扦插造林也易成活。山谷溪边常成片生长，在瘠薄的石砾山地也有分布，具有耐瘠薄、生态适应强的特性，是生态功能好、有较高经济价值的植物。可以作为经济林的下层树种，构建"乔灌草"结合的固土多层经济林，以解决单层经济林种植稀疏、耕作强度大、水土保持功能不佳的问题，既增加了经济效益，又提高了生态效益，特别适合在退耕还林中运用。利用西部地区荒山、荒地，大力发展青刺果，不仅可以弥补我国植物油料不足的问题，促进山区农民增收致富，而且可以绿化坡地，调节气候，减少水土流失和保护生态。

以野生单株青刺果种子产量 0.5 kg、每公顷 4500 株计算，每公顷可产种子 2250 kg。在市场上每公斤种子收购价为 8~12 元，其产值为 1200~1800 元；如果进行加工，可得青刺果油 42 kg，市场价格为 60~70 元/kg，每公顷产值达到 37800~44100 元，经济效益十分显著。

目前云南省已开发出青刺果高级食用油、高级护肤品和青刺尖茶等系列产品投放市场。青刺果产品自 2000 年进入市场，通过"昆交会""上交会"等商品交易会与消费者见面后，倍受国内外客商的青睐和关注，受到消费者的欢迎和喜爱。在短短的几年时间内，青刺果产品在市场上已有一定的知名度，先后进入昆明、北京、上海、香港和东北等国内市场，以及马来西亚、新加坡等国外市场。由于野生青刺果资源的局限性，导致供求失衡，急需采取人工培育原料供给基地，以满足产业发展和市场的需求。

青刺果产业生态、社会、经济效益兼备，产品可广泛应用于营养、保健、美容、化妆、医药、旅游及精细化工领域。青刺果作为一种独特而新奇的生物资源，进一步开发利用进行规模生产具有很大的潜力，可以在荒坡、路旁、沟边进行人工种植，不占用耕地，不仅能提高高寒山区老百姓的经济收入，同时在减少水土流失和保护生态方面能发挥重要作用。因此，青刺果产业在农业综合开发、扶贫攻坚、西部大开发、生物多样性保护、生物资源开发创新、小流域治理、天保工程及退耕还林实施中可以发挥重大作用。

由于青刺果一次种植，多年受益，多代受益，投资小，见效快，具有十分广泛的应用价值，所以合理有效地开发利用青刺果已产生巨大的经济、社会和生态效益，青刺果产业也逐步成为地方经济转型升级的支柱产业之一。

第四节　青刺果开发利用对策

由于青刺果具有十分广泛的应用价值，所以合理有效地开发利用青刺果将产生巨大的经济、社会和生态效益。首先，应加大对青刺果种植资源进行良种繁育的力度。目前，由于青刺果人工采摘难度大，如何通过常规或生物技术手段培育出"青刺退化"品种，如何对其繁育驯化、育苗、栽培管理等，是需要首要解决的问题。其次，应加大力度开发出适合青刺果采摘的工具，大大提高青刺果人工采摘的效率，最大限度地提高经济效益。最后，必须加大对野生青刺果的保护宣传力度，运用科学方法来指导青刺果栽植、管理，做到可持续发展。

一、开展优良品种选育工作

青刺果野生资源丰富，遗传多样性广，种质资源趋于多样化和丰富化，为优良单株无性系的选择提供了可操作性。可通过对野生青刺果资源调查，筛选收集并保存优异种质，从中筛选或选育出适宜规模化种植的优良品种，以供青刺果种植产业发展之需要。

二、开展丰产栽培技术研究

目前，青刺果人工种植管理技术粗放，单位面积产量低、综合效益差等问题突出。为提升青刺果产业的科技支撑水平，应通过开展科学试验解决栽培技术难题，在种苗繁育、适地适栽高产、良种选育、水肥管理技术、整形修剪技术和病虫害防治技术等方面形成一套完善的丰产栽培技术体系。同时，将丰产栽培技术向种植户推广，为种植户提供强有力的技术支持。

三、培育无刺青刺果

针对青刺果采收困难的问题，研究培育出一种无刺青刺果品种，是目前需要解决的重大技术问题。借鉴无刺花椒的成功培育经验，探索研究，以期实现青刺果由有刺变为无刺，方便果实采摘，节省劳动力，降低采摘成本，促进青刺果产业的发展。

四、加大政府扶持

青刺果产业规模化发展需要各级政府部门的政策和资金支持，重点是对品种选育、丰产栽培技术研究、产品研发及基地建设的扶持。政府要发挥引导作用，以企业为龙头，带动农户规范化、标准化生产，鼓励推广"企业＋基地＋农户"发展模式，大力培育龙头企业，注重青刺果专业户、合作社组织发展，挖掘青刺果生产潜力，提高产量和品质，形成"品种良种化、生产专业化、加工规模化、质量标准化、服务社会化"的产业快速健康发展格局，全面提升产业发展水平，促进农民增收致富和地方经济发展。

第二章　青刺果的生物学特性

青刺果别名青刺尖、扁核木、打油果、狗奶子、枪子果、鸡蛋果、阿那斯、松达等，是被子植物门双子叶植物纲蔷薇科扁核木属植物，种名为总花扁核木，为常绿或落叶小灌木。

第一节　青刺果的形态学特性

一、干和枝

青刺果树形为多主干丛生状，主干呈灰褐色，浅纵裂，其干具有多个主枝，各主枝又密生多级侧枝；老枝粗壮，灰绿色，扁圆，无晕斑，枝条密，枝具棱，无茸毛，常有白色粉霜；新枝圆形或有棱，深绿色，被褐色短柔毛或近于无毛，常为粗刺状。植株密布腋生针状硬枝刺，枝刺长 3~4 cm，尖锐，长枝刺上生长有正常的叶片，结果。少数植株有变态刺，长 20 cm。青刺果刺为绿色，呈针状，故名"青刺尖"。青刺果的枝条如图 2-1 所示。

图 2-1 青刺果的枝条

二、树冠

青刺果树的自然树冠呈扁圆形，树姿下垂，一般植株的冠高 2~3 m，少数植株冠高 4~7 m；冠幅 1~4 m，多数为 2~3 m。

三、叶

青刺果树的叶细长，叶片形状为矩圆状卵形、矩圆形或长椭圆形，叶基圆形，单叶互生或丛生。叶柄短，长约 0.5~1.0 cm，无毛，托叶细小，宿存或早落；叶片长 3.0~6.5 cm，宽 1.0~3.0 cm，先端渐尖或短尖，基部钝，宽楔形或近圆形，边缘有细锯齿或全缘，两面均光滑无毛；叶草质、亚草质或厚纸质，羽状网脉，叶面中脉下凹，背面中脉和侧脉突起，上面颜色较深，下面颜色较浅。青刺果的叶如图 2-2 所示。

图 2-2　青刺果的叶

四、花

青刺果树开花期较早，春节前后即开花，花期 1~2 个月。青刺果树的花为总状花序（无限花序），长 3~6 cm，生于叶腋或枝刺顶端，花盛开时为蝶形，色黄白具有清香气味，有花 3~8 朵，花梗长 4~8 mm，生有褐色短柔毛，后逐渐脱落；花直径 0.8~1.0 cm；萼筒杯状，无毛，顶端 5 裂（花萼 5 片），裂片三角状卵形，全缘或有浅齿，宿萼，花后反折；花瓣 5 枚，白色，阔倒卵形或矩圆状倒卵形，先端啮蚀状，基部有短爪。雄蕊多数、多列，以 3~5 轮着生于圆形花盘上，花盘紫红色；雌蕊一心皮（极少数二心皮），无毛，花柱短，侧生，柱头头状，子房一室或二室，子房上位（下位花）。雌雄同株，雌雄同花（两性花）；花分批开放，下部先开，渐及上部，边缘的花先开，渐及中央。青刺果的花如图 2-3 所示。

图 2-3　青刺果的花

五、果

青刺果树的果为核果，长圆形或倒卵长圆形，长 1.0~1.5 cm，直径 0.8 cm，嫩时绿色，成熟后为紫褐色或黑褐色，有粉霜，光滑无毛，果梗长 4~8 mm，无毛。基部有花后膨大的萼片，果肉黄绿色，核（种子）光滑，尖顶长圆形；种壳薄，淡褐色，壳面上有深褐色花纹；种皮棕红色，有花纹，种仁黄白色。

青刺果的果实 4~5 月成熟，果核千粒重 128 g，扁长椭圆形，肉果千粒重 540 g，籽种含油率约为 32%。果实成熟期跟植株生长的海拔高度和气温有很大关系，一般在低海拔高度、气温偏高区域生长的植株果实成熟早，而随海拔高度的逐渐升高，果实成熟期逐渐推迟，果实成熟后自然脱落。此时即可采收利用。青刺果的果实如图 2-4 所示。

图2—4　青刺果的果实

六、根

青刺果植株的主根不明显，根系入土浅，分布窄，一般主根入土深60～100 cm，但侧须根发达，更新快，在土层4～15 cm的范围，其根系占总根量的90％，水平根的分布略大于树冠，根系展开范围为冠幅的1.5倍左右。

第二节　青刺果树的生命周期

青刺果树为落叶灌木，阳性树种，喜光、喜暖、喜湿润的气候，但也能耐干旱，并抗风，对环境的适应能力很强。青刺果树的生命周期是从幼龄期生长到结果期，直到盛果期和衰老期，以至最后死亡的整个过程。青刺果树的生命周期大约为50年，一般可分为营养生长期（1～3年）、生长结果期（4～5年）、盛果期（8～50年）、衰老期（50年以上）四个阶段，历时40～50年，每个阶段都有它固有的特点。

一、营养生长期

营养生长期为青刺果幼树生长阶段，即从种子萌发到第一次开花结果。这一阶段历时1～3年，主要以营养生长形成树冠为主。纵向生长大于横向生长，主侧枝角度较小，根系和树冠相应垂直生长，以后逐渐向外延伸。根据这一特点，该时期内应加强水肥管理以促进植株生长发育。同时，应及时进行合理的修枝整形，以调节枝干间的生长态势，促其均匀生长，构成较完整的树冠骨架，并适当培留辅养枝，增加营养物质的制造量和积累，为加大树冠的主体和开花结实奠定基础。

二、生长结果期

生长结果期是青刺果树的青壮年阶段，自开始开花结果到进入盛果期都属于这一时期，历时4～5年，是青刺果树生殖生长大于营养生长的时期。该时期内青刺果树营养生长更旺盛，侧枝愈来愈多，树冠逐步扩大，须根量也大大增加。生长结果期是整个生长发育周期最旺的阶段。这一阶段应加强树冠及土壤水肥及中耕管理，采用综合措施及时防治病、虫、草害，促进根系进一步扩大和生长发育。

三、盛果期

盛果期历时8～50年，是青刺果树大量结果，生殖生长最旺盛、营养消耗最大的阶段，树势生长从旺盛到衰弱，骨干枝的生长速度逐渐减缓，其生长主要在小侧枝上，大多数小侧枝都能形成结果母枝，大量开花结果。由于大量结果，营养物质需要量大，该时期如果管理不善，营养跟不上，很容易形成大小年或隔年挂果现象。

四、衰老期

青刺果树进入衰老期后产量逐渐下降，骨干枝发育几乎完全停止，分枝逐渐减少，树冠冠幅慢慢缩小，一些小侧枝生长逐渐减弱并开始死亡，新梢也大大减少，绝大多数新梢都成为结果母枝开花结实，但因树势衰弱，籽粒变小，产量明显下降。这个阶段应加强水肥管理，培肥地力，防治病、虫害以增强树势，必要时可以把衰弱的老枝全部砍除，充分利用青刺果树萌发能力强的特点，进行自然更新，复壮成林。

第三节　青刺果的生态学习性

青刺果植株具有的生长特点：一是生长速度快，对环境的适应能力特别强，耐寒、耐旱、耐涝，并抗风，在干热河谷地区、高寒山区、荒山野地都能茂盛生长；二是青刺果属于多年生植物，树龄较长，再生能力强，衰老的植株树体砍掉后，可以萌发复壮成林，平均盛果期可达 40 年，受益时间长；三是青刺果改变春花秋实的自然规律，在寒冷的冬季银花绽放，5～6 月成熟，收获；四是根系发达，可绿化荒山，保持水土，因其枝密刺多，也可作为生态围栏树种。

温度和湿度是影响青刺果分布与生长的主要因子，冬季适当的低温有利于花芽分化。花期与果实发育期气温在 18℃ 以上，低于此温度，开花授粉效果不佳，花期和坐果期若遇 −4℃ 以下的短暂低温，即表现为轻度落花、坐果，低温持续时间长会造成大量落花、落果。青刺果在温暖湿润的环境中，高、径生长快，而在干旱瘠薄地生长缓慢，种子产量低，品质差。在年平均气温 10℃～15℃，大于或等于 10℃ 的有效积温 4500℃ 以上，年平均降雨量 800～1000 mm，年平均日照时数 1900 h 以上，年相对湿度 55% 以上的北亚热带生长更好，植株分蘖萌发能力强，长势壮、结实多、品质佳、含油率高；一般开花期和果实成熟期以天气晴朗、日照充足为好。在云南高原海拔 1000～2700 m 地带均可见其分布，但以海拔 2300～2700 m 地带分布最为集中，数量也最多，人工栽培应着重考虑在此地带种植最为适宜。海拔低于 1900 m 或高于 3000 m 的区域，长势较差，有些地带甚至会出现有树无花、有花无果、有果无油的现象。

青刺果喜光，不耐庇荫，阴坡生长的植株树冠发育不良，果实产量低。不过，幼苗期较耐阴，强光照容易造成叶片发黄，生长缓慢，中龄树和成龄树则需要充足的光照，有利于枝梢生长、花芽分化和开花结实。一般树冠向阳面花穗多，开花较早，结果也多，外观品质优良；枝叶茂密，通风透光差的内部结果较少，易发生病虫害，落花、落果严重，果实外观品质差。土壤和环境过于干旱，强光照下向阳面果实会遭受日灼。在背阴面或山坡中上部以及密林中，没有青刺果分布。

青刺果对地势土壤要求不高，在红壤、红黄壤和黄壤的沙质或粘性土壤上均可生长，土壤为团粒结构者最佳，但对水肥条件要求较高，尤其酸性冲积土，在比较平缓的山坡地、林缘地带、田边地角等，土层较深厚肥沃、疏松、有机质丰富的壤土上生长最佳。青刺果虽抗风能力较强，但花期或果实生长后期大风常常影响种子产量。

第四节　青刺果的林学特征

青刺果树的物候期为9月初陆续显蕾，元月上旬初花，2月上旬盛花，3月上下旬终花，花期长达60～80天。2～3月陆续坐果，随即进入速生期，4月上旬果核变硬，4月上中旬果实褪绿，5月上旬开始陆续成熟，果实成熟的标志为果实由绿色变为黑色或黑褐色，肉软有汁，散发出该品种特有的香气。果实从子房膨大到果实成熟，发育天数为60天左右。种子成熟期因当地气温条件而略有不同。叶芽2月中下旬萌动，3月中下旬展叶，新梢4月初开始生长，5～8月为速生期，9月后陆续停止生长，至12月中下旬，2年生以上的叶片开始下落。从叶芽萌动到落叶营养生长时间为300天。休眠期仍有少量残叶，是其生态特征。青刺果植株生长旺盛，直立，徒长枝多，结果实后稍张开。全年抽2次梢（春梢、夏梢），春梢约占全年抽梢总量的70%～80%，夏梢约占20%～30%。成年树抽生的春梢长约20～65 cm，节间长5.0～8.5 cm。叶大小约为2.0 cm×0.7 cm。叶片正面颜色比背面略深，但不明显。树冠展开呈伞形，冠福大，枝叶浓密。植株体有枝刺，可长叶和开花结实。

青刺果树的树势强，3～4年生实生树，在较好的水肥条件下，1年生枝平均长80 cm，离枝基5 cm处的平均直径为0.7～0.8 cm，平均节间长1.57 cm。中果枝占20%，长果枝占30%，而徒长性结果枝占50%左右。整株花期果期较长，采前落果较多，达20%～30%。萌芽率高，成枝率较强，有腋花芽结果特性，易形成果枝，结果早，丰产性好。人工种植的青刺果实生苗3年开始试花，4年开始结果，8～10年后进入盛果期，天然状况下单株产果0.5 kg。青刺果开花结果的第一年有35%左右的枝条有腋花芽，当年每亩产量100～180 kg。花量大，坐果率较高，一般自然授粉条件下，花朵坐果率约为62%。5～8年进入盛果期，单株可产荚果1～2 kg，结实期可达15年以上，单株结实最高可达3 kg以上。种子含油率高，不耐储存，而且被山鼠等小动物喜食，虽然植株果实累累，但在集中分布区也很难看到很好的天然效果。

第五节　青刺果的果实经济性状

青刺果长圆形，果皮黄绿，向阳面暗紫色，果肉黄绿。果核千粒重 128 g，扁长椭圆形。肉果千粒重 540 g，出油率为 24％。种子可制高级食用油，青刺果油不饱和脂肪酸含量高达 70％以上，其组成与人体脂类接近，亚油酸比世界上最著名的橄榄油高 4 倍，被营养学家誉为"可以吃的化妆品"。云南省西北部地区的少数民族有数百年的食用和医疗保健史，青刺果被丽江纳西族称为"古城和母系氏族社会的精华"。丽江曾经有公司每年收购原料数百吨，收购价高达 8～12 元/kg，产品出口日本和欧洲。

《中国油脂植物手册》记载，青刺果种仁含油率为 49.5％，种子含油率约为 35％，碘值为 116，脂肪酸由肉豆蔻酸 1.8％、棕榈酸 15.2％、硬脂酸 4.5％、24 烷酸 0.9％、油酸 32.6％组成。《凉山彝族自治州经济树木林志》记载，青刺果种子含油率为 37.5％～49.52％，出油率为 30％～40％。四川盐源县粮油购销总公司用青刺果生产的"青娜油"，是该县特有的旅游保健品，"青娜油"含水分 0.2％、不饱和脂肪酸 78.2％、亚麻酸 1.2％、棕榈酸 20％、硬脂酸 5.9％、油酸 39.0％、亚油酸 39.2％，折光指数为 1.4712，还含有维生素 E 等。《西昌中草药》记载，青刺果性凉味微苦，止咳化痰清热毒，肝炎、肾炎、疮疽痈，咳带红痰煎水服，青刺果作为药用植物在民间有悠久的应用历史。研究表明，青刺果乙醇提取液对水果保鲜有一定作用，其中以涂布保鲜效果最为明显，它可以使水果的维生素 C、酸度、糖分、失重等变化减缓，使其色泽、质地等外观保持良好。

青刺果干籽重量因产地、品种及饱满程度不同而有区别，一般每千克为 7000～7500 粒，采用当年种子繁殖的苗，管理得当次年可长至 40～70 cm，定植后 2～4 年进入初果期，5～6 年进入盛果期，单株产量通过高产栽培可达 1.5～2.0 kg，受益年限长达 50～60 年。

第三章　青刺果育苗技术

育苗是青刺果生产的重要环节，种苗质量的好坏，将影响栽植后几十年的生长。因此，培育健壮的种苗是建立高产、稳产、高效果园的重要基础，对青刺果的生产有着特别重要的意义。这是因为青刺果是多年生植物，寿命长达 40~50 年，品种的优劣，苗木的良莠，将对青刺果树各个时期的产量及品质产生直接、长期、深刻的影响。第一，青刺果不比短期作物那样容易更换，待发现种苗不好时再淘汰更换，便白白地浪费了数年甚至数十年的时间。第二，有些树木带有危险性病虫害，有效的防治措施之一就是培育不带病虫的苗木。第三，目前青刺果的繁殖采用无性繁殖法，显而易见，这些繁殖材料必须来自丰产稳产、品质优良、无危险性病虫害、抗逆性强的母株，才能使其后代保持相应的优良性状。若用种子培育成实生苗，变异性较大，往往劣变较多，供繁殖用的种子就更须选自优良母株。第四，青刺果的产量及品质因不同植株有很大差异，繁殖材料若不是来自经选择的优良母株，就会直接影响结果期、产量及品质。第五，苗木健壮对增强抗逆性、提高定植成活率、提早进入结果期都有好处。这些都说明培育健壮的种苗对发展青刺果生产有着重要意义。

现在青刺果广泛采用育苗移栽的生产方式。育苗移栽有很多优点：一是能缩短大田栽培时间，经济有效地利用土地，提高成活率；二是可以人为地提供比较适宜的温度、光照、水分、养分等条件，满足种子萌发和幼苗生长的要求；三是通过间苗、锻苗、除劣去劣和防治病虫害等措施，可以生产出整齐、健壮、足量的青刺果种苗。

青刺果的繁育技术主要以野生资源利用为主，繁殖方式主要有分株繁殖、扦插繁殖、植物组织培养快速繁殖和种子繁殖等。分株繁殖的繁殖系数低，利用植物组织培养快速繁殖近年虽有一定的进展，但培养条件尚未成熟，目前青刺果的繁育主要以扦插繁殖和种子繁殖方式进行。

第一节　建立苗圃

培育树苗的地点称为苗圃。建立苗圃的目的是为发展树木生产提供所需种类和品种的健壮苗木。

青刺果育苗是一项极重要的基础工作,要以向生产高度负责的态度,认真抓好育苗工作,坚决反对不顾质量只顾数量的错误做法。

一、苗圃地的选择

树苗在青刺果树的一生中是生长最活跃的时期,它对外界环境条件的反应特别敏感。为了达到培育大批优良果苗,并省工、管理方便的目的,必须选择条件良好的园地进行育苗。选择苗圃地应注意以下几个方面。

(一)位置

青刺果的苗圃地应选择在供应范围内比较适中的地点,交通要较为方便,以便运送苗木,减少造林运输费用和苗木伤害,对于较大型的苗圃,这点尤为重要。场地自行育苗的,最好能在计划种植青刺果的地区或附近设苗圃,将苗圃地选在造林地附近,距青刺果园 1 km 左右的地方为宜,以缩短运输距离,并锻炼苗木的适应性,提高定植的成活率。

根据青刺果的生物学及生态学特性,青刺果在凉山州的分布为 1800~3200 m 的山坡、丛林,集中生长在海拔 2100~2800 m 的地段,为了达到当年出圃的目的,可将青刺果育苗基地选择在 1800 m 以下的地方,充分利用光热条件让青刺果早出土,延长生长时间。如果培育一年苗后再造林,可选择就近就地育苗。

(二)地势

青刺果的种植发展方向主要是上山,为了培育适于山地栽培、根系庞大的苗木,苗圃地最好选择在背风向阳、背北向南、日照充足、稍有倾斜的缓坡地,以及土壤肥力充足、排水良好、灌水方便、交通便利的地方,地形水位在 1.0 m 以下。因为缓坡地排水较快,通气也较平地好,又不易积留冷空气,可减少寒害;土层一般较深厚,地下水位低,有利于培养强壮深广的根系;日照较充足,有利于苗木生长。此外,还应注意选择无风害或少风害的地方,特别要避免在风口地方育苗。

（三）土壤

青刺果对苗圃地土质要求不高，但土壤过于粘重，苗木容易发生根腐病，因此青刺果育苗应选择土质疏松的轻壤土为苗圃地。一般选择微酸性的红壤、沙壤土或黑壤土，土壤为团粒结构者为佳。这种土壤富有团粒组织和营养物质，排水及通气良好，酸碱度适宜，有利于苗木根系的发育，苗木地上部分的生长也较迅速而健壮。粘土及重粘土往往湿度过大，排水及通气不良，苗木容易发生根腐病，春季土温上升慢，幼苗生长不良，且土壤易板结，影响出苗率，甚至造成死苗。而过于轻松的沙质土，易受风沙及干旱危害，也不宜作苗圃地。新垦地的土壤理化性质不良，微生物活动微弱，苗木生长较差，须经熟化后才可作苗圃。残留有与苗木相同病虫害的土壤，也不宜作培育该种苗木的苗圃，地块必须做消毒处理以控制病虫害。

（四）水肥

幼苗生长快，组织幼嫩，根系浅，吸收能力较弱，对水分过多或过少的反应特别敏感，因此，选择苗圃应注意排灌问题。苗圃应尽可能接近水源，以便灌溉。山坡地最好能自流灌流，规模较大的苗圃，如有条件的可用人工空中灌溉。凉山州大部分地区雨量充沛，但分布不均，干湿分明，特别是在秋冬的干旱季节，对苗木生长影响更大，所以在山坡地育苗应首先解决水分供应的问题。青刺果苗圃地土壤含水率保持为40％～70％最有利于种子萌发，含水量过高则种子易腐烂。

青刺果育苗地最好前一季没有种植过蔬菜，地块选择好后，及时进行耕地暴晒杀菌消毒。可在播种前几天，用1000倍液稀释30％恶霉灵均匀喷洒苗床土壤，以每平方米10 kg进行消毒处理。每亩地施入腐熟农家肥1000～1500 kg，经细致整地后开沟作畦，做成高床，床面宽为1 m，床高为20 cm，床沟宽为40 cm，长为苗圃地自然长度，床面用齿耙扒平即可。

此外，为了保证苗木健康生长，育成无病壮苗，选地时还应注意周围环境病虫害的情况，对于某些危险性病害，为避免受传染，应在隔离环境下培育。因此，苗圃应选在周围没有这种病虫的地方。

二、苗圃地的规划

苗圃地选定后，即可着手进行规划，包括道路、排灌系统、田地划区和防护林等。对于较大型的专业苗圃，做好整体长远规划尤为重要，它和苗圃地的选择一样，将直接影响出苗率、苗木质量及经营管理。对于场地自用的苗圃，同样需要设计好道路、排灌系统及划分各作业区等工作。

（一）道路系统

要交通便利，又要力求投资少，占用土地少。大型苗圃应设与国家公路相连的主路、支路和小路，小型苗圃可根据运输情况酌减，以便于工作，节省往返时间。

（二）排灌系统

结合道路系统及田间小区，根据水源及地势规划排灌系统，每块地都应有排灌沟渠相连，以便干旱能灌，遇涝能排；对于缓坡地苗圃，应按等高线挖排灌两用沟。排水沟大小依雨季降雨情况、小区面积、地下水位高低及土壤情况而定。每一小区应挖一蓄水池，以供浇水、施肥及喷药之用。

（三）田地划区

缓坡地苗圃应依地形地势、土壤情况等进行田地划区，小区按等高带划区，以利于水土保持、耕作管理及引水沟灌；平地苗圃地形较整齐，小区可大些，6666～10000 m^2 为一小区，以利机械耕作。

专门经营苗圃的场地，还应根据繁殖果树种类及任务，划定母本区及繁殖区。母本区专供苗圃育苗材料，包括接穗优良母本区及砧木采种母本区。一般场地自育自用的小型苗圃，可不设母本园。繁殖区可分为播种区、移植区、嫁接区及轮作区等作业区，根据各区病虫害发生情况及栽培特点，进行合理安排。一般来说，播种区应选择土壤和排灌条件较好的地方；移植区与嫁接区应尽可能集中，以便管理，但两者之间最好以轮作区隔开，以防病虫害的相互传播。

三、苗圃地的土壤改良与轮作

经多年种植作物，土壤已经熟化的山地，可直接进行育苗。若开垦红壤山地育苗，应先进行改良熟化后才能育苗。由于一般新开垦的红壤山地缺乏有机质，土壤结构不良，酸性较大，土质瘠薄，水源缺乏，所以在这种土壤上育苗，生长情况可能较差。因此，开垦红壤山地育苗，最好尽可能开成宽幅梯田，深耕 0.27～0.33 m 后，施足有机质肥料作基肥，改良土壤结构；施石灰中和土壤酸性，并挖井开辟水源或开沟引水，然后种先锋作物如甘薯、萝卜及豆科绿肥等，绿肥收割后，制成堆肥或直接翻入土中。第二年再种植花生、黄豆或夏季绿肥，施足基肥及追肥，使作物生长良好，加速土壤熟化。

苗圃地一定要轮作，不能长期育苗，更不能长期培育同一种树苗。这是因为每一种树根的分泌物都会对同种树根系的活动有一定毒害作用，且长期育苗不轮作，土壤中某些营养物质会贫乏，病虫害会较多。因此，苗圃地应强调轮作。如因特殊情况只能轮作一年时，则前后二次用不同种的种子播种，并增施石灰。轮作作物的选择应因地制宜，一般山地苗圃可用豆类、薯类及绿肥等轮作。此外，亲缘相近的作物，其病虫害及所需营养物质相似，在轮作时不宜采用。

第二节　自根营养苗的培育

凡是利用植物体的营养器官进行扦插、压条、分株等方法繁殖的苗木，都有自己的根，都叫自根苗（营养苗）。这些繁育林木苗的方法，在凉山州普遍采用。例如，梨、柠檬、无花果、葡萄、石榴等用扦插法，菠萝、香蕉、李、枣等用分株法。自根营养繁殖属于无性繁殖，它能保持母株的优良性状，避免发生劣变，且进入结果期较早，能较快育成苗木，培育技术也较简单，易为种植户掌握。但自根营养苗消耗的繁殖材料较多，生活力较差，没有主根，对上山栽种一般也稍逊于嫁接苗。因此，在采用上述方法时，必须依树种、栽培环境等具体情况而定。

一、扦插的生根原理

扦插生根的生理基础是植物的再生能力。所谓植物的再生能力，是指植物体的器官具有重新生长与它相同的器官的能力，也具有重新生长与其不同的器官的能力。育苗时就是利用它的这种再生能力，使枝条上部发生新的枝条（相同器官），下部发生根（不同器官）。

我们知道，当枝条剪断插入土中，创伤面的形成层及髓部的细胞受到刺激，发生新的分裂层而形成愈合组织，愈合组织中的部分薄壁细胞在外界环境（温度、湿度、空气）的影响下，分裂形成根原体；后来，根原体渐次肥大，突破皮层而形成新的根，故扦插育苗发生的根多出自愈合组织。但也有些根不从愈合组织发生，这是因为根原体也可以在形成层、韧皮部及皮层组织内形成。

不同树木的再生能力不同，其扦插发根的难易也各异；同一树种，其发根的难易取决于枝条所含的养分。如果枝条内贮藏的同化物质多，则容易形成愈合组织，这样生根就较易、较快；反之，则较难、较慢。外界环境条件（主要是温度、湿度、氧气和光照）也直接影响发根的快慢。这些情况在采用上述方法育苗时都必须注意。

二、扦插法

扦插法也称插条法。这种方法就是剪取植物体的营养器官的一部分，在适宜的条件下，培育成独立的新植株。为什么扦插能培育成新植株呢？这是因为在扦插的再生作用中，器官的生长发育是依从于植物的极性现象的。所谓植物的极性现象，是指植物体或其离体部分的两端具有不同生理特性的现象。如扦插的植物枝条，总是在它的上部抽生新梢，在它的下部形成新根。因此，扦插时不能将枝条倒置。

树木扦插繁殖因所用的材料不同，可分为枝插和根插两种。李子的藏根（即把根切成一段段埋压入土中）繁殖法就是根插法。枝插法可分为绿枝插和硬枝插，前者指利用未木质化的绿色枝条进行扦插，如柑桔类、凤眼果等；后者指采用已木质化或休眠期的枝条进行扦插，如无花果、葡萄等。青刺果的扦插繁殖以硬枝扦插为主。

扦插育苗发根的难易，除了与树种再生能力的强弱有关外，也和枝条所含的养分、外界环境条件有密切的关系。同一树种中，幼龄树枝条比老龄树枝条易发根，幼枝又比老枝易成活。因此，在生产上青刺果扦插繁殖多选用树龄较小的健壮植株上一年生中间枝和徒长枝进行扦插。插条内贮藏的同化养分多，愈合组织易于形成，生根较易，故对常绿树选生长充实的枝条扦插，对落叶树则在养分贮藏最丰富的落叶期进行。青刺果在每年 10 月至次年 2 月，边开花边坐果，花开叶落，3 月发新叶和抽新梢，4 月至 6 月果实分批成熟。因此，扦插采条时间宜在采果结束后至开花前进行，也就是 7 月至 9 月。

土壤的温度、湿度和通气情况以及气温、大气湿度、光照等，直接影响发根成活。当土温高于气温时，有利于发根，因土温较高可促进切断面的呼吸作用，使发根较易；而气温较低，可减弱叶片蒸腾作用（指绿枝带叶插条），减少水分及养分的消耗，缓和芽的萌发作用，因而也有利于发根成活。相反，若气温高过土温，枝条未发根先萌芽，消耗了的水分和养分得不到及时补充，就会发生"回枯"（已萌发的嫩叶枯萎，导致枝条干枯，称为回枯）。一定的土壤湿度及良好的通气，是发根的必要条件，但土壤水分过多，通气不良，常使插条霉烂。保持较高的大气湿度，可使插条不致因水分过多蒸腾而枯萎，因而有利于发根成活。在生产上用喷雾装置增加扦插环境的大气湿度，可提高成活率。强烈的阳光对扦插成活是不利的，但微光照射对于带叶绿枝扦插是非常必要的。

因此，在扦插时，要从优良母树上选取无破皮、无虫害、生长充实（枝条粗度 0.5~0.8 cm）的 1~2 年生枝条（老枝条发根较慢，且消耗材料多，不宜提倡）的中部及下部枝条，截成 15~20 cm 长的插条，上下留好饱满芽，下方斜削或平削，使切口平滑。苗圃插床选用背风向阳、无畜禽危害的山地或园地，保水性、通气性良好的沙质壤土，每 667 m² 施腐熟农家肥 1000~1500 kg，深翻耙地，苗床地整成垄高 15~20 cm，垄宽 60~80 cm，沟深 20~30 cm。然后按一定行株距进行扦插，为了不损伤插条下方的皮层，最好按行距开沟（按行距 20~30 cm 定线，株距 10~15 cm 定点，人工在定线上开沟），把插条下端按株距轻轻插入沟穴内，然后回土压实，地上部留 3~5 cm，盖草淋水，搭棚遮荫，并保持土壤的经常湿润。

植物激素对促进扦插生根有显著效果，特别对那些较难发根的树木效果尤其显著。通过研究不同浓度吲哚丁酸 IBA（50 mg/L、100 mg/L、150 mg/L、200 mg/L、300 mg/L、400 mg/L）对青刺果扦插生根数量、生根浓度和须根多度的影响及一年生枝条不同部位扦插对青刺果扦插苗的成活率、萌芽率、根系生长状况的影响，发现使用枝条的上段进行扦插时，因枝条较细弱，木质化程度不够，成活率较差；使用枝条的下段和中段进行扦插时，对扦插苗成活率没有显著影响。将青刺果插条的抽穗下端 5 cm 处在 100～150 mg/L 吲哚丁酸（IBA）水溶液中浸泡 2～3 h，抽穗生根数量和生根长度显著高于其他处理组。

在田间扦插中，外界环境条件较难控制，特别是在发根前，若土壤湿度太低，插条容易干枯，若土壤湿度太高，插条又容易腐烂，再加上病虫和其他灾害，就会影响扦插发根成苗的效果。曾有人进行过室内扦插催根的少量试验，结果证明利用椰糠、米糠、塑料薄膜等作为培植质及苗床，能够创造出一个温度、湿度和通气良好且较稳定的环境条件，因而能促进枝条早发根，并使根系生长旺盛。经室内扦插催根后，再移植于苗圃，继续培养。室内扦插催根的方法，除了具有上述优点外，还可缩短田间育苗时间，减少除草淋水等田间管理工作，节省用地，在未来的农业工厂化生产中，将有实用意义，但催根移植于苗圃如何保证更高的成活率，还有待于进一步试验研究。

三、分株法

分株法就是直接挖取植株的根蘖苗培育成新的植株。这种方法是繁殖营养苗中最简便易行的方法。用地下茎抽生吸芽，吸芽的基部发生新根后，或待地上茎长出新芽到一定大小后，即与母株分离，成为独立幼苗，供定植用。由于分株法的苗木直接长自母株，并靠母株供给养分，故分株时要注意时间和方法，既要苗壮，又不要过于损害母株而影响当年母株产量。此外，还要注意在优良、无病的母株上取苗，以保证苗木质量。若从嫁接株上挖取根蘖苗，则要注意该根蘖苗是从哪里长出来的，从砧木上长出来的根蘖苗，一般品质较差，不应当把这种根蘖苗作为果苗定植，可作为砧苗供嫁接用。

第三节　植物组织培养快速繁殖育苗

一、植物组织培养的概念

植物组织培养是指采用植物体的器官、组织、细胞以及原生质体，通过无菌操作接种于人工配制的培养基上，在一定的温度和光照条件下，使之分化、生长发育为完整植株的方法。由于组织培养是在脱离植物母体的条件下进行的，所以也叫离体培养。植物组织培养的理论基础是细胞全能性。细胞全能性是指植物体的每一个细胞，在一定条件下都具有产生一株完整植株的潜在能力。

利用组织培养方法繁殖园林苗木，具有占地面积小、繁殖周期短、繁殖系数高和周年繁殖等特点。由于组织培养方法繁殖植物的明显特点是快速，每年可以数以百万倍的速度繁殖，所以对一些繁殖系数低，不能用种子繁殖的名特优植物品种，意义尤为重大。

二、植物组织培养的发展历程

植物组织培养技术的蓬勃发展只是近 60 年的事，但它的研究可追溯到 20 世纪初期，根据其发展概况大致分为下面三个阶段。

（一）探索阶段

根据 Schleiden 和 Schwann 的细胞学说，1902 年德国植物生理学家 Haberlandt 提出了细胞全能性理论，认为在适当的条件下，离体的植物细胞具有不断分裂和繁殖，并发育成完整植株的能力。为了证实这一观点，他在 Knop 培养液中离体培养野芝麻、凤眼兰的栅栏组织和虎眼万年青属植物的表皮细胞。由于选择的实验材料高度分化和培养基过于简单，他只观察到细胞的增长，并没有观察到细胞分裂。但这一理论对植物组织培养的发展起了先导作用，激励后人继续探索和追求。

1904 年，Hanning 最先在含有无机盐和蔗糖溶液及有机成分的培养基上成功地培养出了胡萝卜和辣根菜的胚，结果发现离体胚也可充分发育，并有提早萌发形成小苗的现象。1922 年，Haberlandt 的学生 Knotte 和美国的 Robins 在含有无机盐、葡萄糖、多种氨基酸和琼脂的培养基上，培养豌豆、玉米和棉花的茎尖和根尖，发现离体培养的组织可进行有限的生长，形成了缺绿的叶和根，但未发现培养细胞有形态发生能力。

在 Haberlandt 实验之后的 30 年中，人们对植物组织培养的各个方面都进行了大量的探索性研究，但由于对影响组织培养和细胞增殖及形态发生能力的因素尚未研究清楚，除了在胚和根的离体培养方面取得了一些成果外，其他方面没有大的进展。

（二）奠基阶段

1934 年，美国植物学家 White 在利用无机盐、蔗糖和酵母提取液组成的培养基上进行番茄根离体培养，建立了第一个活跃生长的无性繁殖系，使根的离体培养实验获得了真正的成功，并在以后的 28 年间反复转移到新鲜培养基中继代培养了 1600 代。

1937 年，White 又以小麦根尖为材料，研究了光照、温度、培养基组成等各种培养条件对生长的影响，发现了 B 族维生素对离体根生长的作用，并用吡哆醇、硫胺素、烟酸 3 种 B 族维生素代替酵母提取液，建立了第一个由已知化合物组成的综合培养基，该培养基后来被命名为 White 培养基。

以此同时，法国的 Gautheret 在研究山毛柳和黑杨形成层组织培养实验中，提出了 B 族维生素和生长素对组织培养的重要意义，并于 1939 年连续培养胡萝卜根形成层获得首次成功，Nobecourt 也用胡萝卜建立了类似的连续生长的组织培养物。White 于 1943 年出版了《植物组织培养手册》，使植物组织培养开始成为一门新兴的学科。White、Gautheret 和 Nobecourt 三位科学家被誉为植物组织培养学科的奠基人。

1952 年，Morel 和 Matin 通过茎尖分生组织的离体培养，从已受病毒侵染的大丽花中首次获得脱毒植株。1953—1954 年，Muir 利用震荡培养和机械方法获得万寿菊和烟草的单细胞，实施了看护培养，使单细胞培养获得成功。1957 年，Skoog 和 Miller 提出植物生长调节剂控制器官形成的概念，指出通过控制培养基中生长素和细胞分裂素的比例来控制器官的分化。1958 年，英国学者 Steward 等以胡萝卜为材料，通过体细胞胚胎发生途径获得完整的植株，首次得到了人工体细胞胚，证实了 Haberlandt 的细胞全能性理论。

在这一发展阶段，通过对培养基成分和培养条件的广泛研究，特别是对 B 族维生素、生长素、细胞分裂素作用的研究，确立了植物组织培养的技术体系，并首次用实验证实了细胞全能性，为以后的快速发展奠定了基础。

（三）迅速发展阶段

当影响植物细胞分裂和器官形成的机理被揭示后，植物组织培养进入了快速发展阶段，研究工作更加深入，从大量的物种诱导获得再生植株，形成了一套成熟的理论体系和技术方法，并开始大规模的生产应用。

现在已不能确切统计有多少种植物通过组织培养的方法获得了再生植株，因为几乎每天都有可能出现利用新的植物种类获得培养成功的报道。植物组织培养已经变成了一种常规的实验技术，广泛应用于植物的脱毒、快繁、基因工程、细胞工程、遗传研究、次生代谢物质的生产、工厂化育苗等多个方面。从高级的研究机构、高等院校到普通的生物技术公司，甚至农民专业户，都在不同程度地利用或开展组织培养工作。

目前，我国的植物组织培养已经进入了生产阶段，实现了观赏植物、果树、农作物、林木、药用植物、工业原料植物等 10 多个品种的工厂化生产，花卉出口年创汇达 8000 多万美元。重点植物组织培养公司与实验室有云南省农科院园艺所花卉研究中心，广州花卉研究中心，中国科学院与广东新会、顺德两地有关科研单位合作建立的香蕉试管苗厂，广西农业科学院所属的广西植物试管苗有限公司等。

三、植物组织培养的过程

一个完整的植物组织培养过程一般包括下面六个步骤。

（一）准备阶段

查阅相关文献，根据已成功培养的相近植物资料，结合实际制订出切实可行的培养方案。然后根据实验方案配制适当的化学消毒剂以及不同培养阶段所需的培养基，并经高压灭菌或过滤除菌后备用。

（二）外植体选择与消毒

选择合适的部位作为外植体，采回后经过适当的预处理，然后进行消毒处理。将消毒后的外植体在无菌条件下切割成一定形状的小块，或剥离出茎尖，挑出花药，接种到初代培养基上。

（三）初代培养

将接种后的材料置于培养室或光照培养箱中培养，促使外植体中已分化的细胞脱分化形成愈伤组织，或顶芽、腋芽直接萌发形成芽。然后将愈伤组织转移到分化培养基分化成不同的器官原基或形成胚状体，最后发育形成再生植株。

（四）继代培养

因分化形成的芽、原球茎数量有限，应采用适当的继代培养基多次切割转接。当芽苗繁殖到一定数量后，再将一部分用于壮苗生根，另一部分保存或继续扩繁。进行脱毒苗培养的需提前进行病毒检测。

（五）生根培养

刚形成的芽苗往往比较弱小，多数无根，此时可降低细胞分裂素浓度，提高生长素浓度，促进小苗生根，提高其健壮度。

（六）炼苗移栽

选择生长健壮的生根苗进行室外炼苗，待苗适应外部环境后，再移栽到疏松透气的基质中，注意保温、保湿、遮荫，防止病虫危害。当组培苗完全成活并生长一定大小后，即可移向大田用于生产。例如：茎尖→表面消毒→接种诱导培养基→茎尖生长→病毒检测鉴定→培养无根小植株→培养生根→完整小植株→炼苗 20～25

天→移栽成活。

对于不同的品种，组培生产流程会略有差异，如进行果树育苗，还需进行嫁接等操作流程，但对组培工厂化育苗而言，一般可根据下面的流程图来安排各项作业，只有相互衔接好、配合好，才能提高生产效益。

常规情况下详细的组培生产流程图如图 3−1 所示。

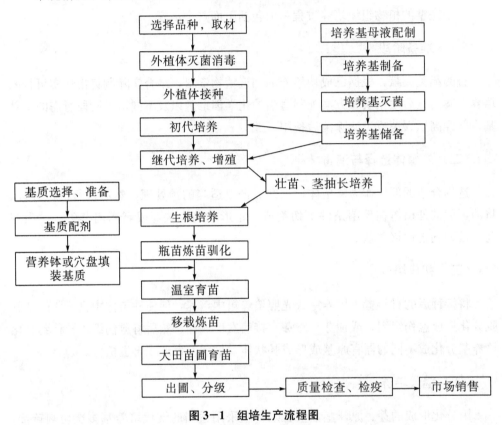

图 3−1　组培生产流程图

通过对青刺果外植体（侧芽）的组织培养发现，以 MS 培养基为基质，在含基质 4.74 g/L、糖 30 g/L、琼脂 6.5 g/L 的母液中加入细胞分裂素 6−BA（0.5 mg/L）和生长素 IBA（0.1 mg/L）有利于青刺果的侧芽诱导，但浓度过高或过低都对植株生长不利，浓度过低会导致植株生长过慢，或无法促使植株生长；6−BA 浓度过高，会直接抑制植株生长，导致植株的侧芽生长发生玻璃化苗的情况。但目前青刺果的组培育苗条件尚未成熟，未广泛开展应用。

第四节 实生苗的培育

一、实生苗的基本概念

利用种子繁育的苗木，称为实生苗。这种繁殖方法是指将种子播在苗床上培育苗木，也称为实生法或播种繁殖法，在果树育苗方面被广泛应用。这种方法有别于无性繁殖得到的扦插苗、嫁接苗等，属于有性繁殖。实生苗根系发达，对不良生长环境的抗性较强，如抗风、抗旱、抗寒等；苗木阶段发育年龄小，可塑性强，后期生长快，寿命长，生长稳定，也有利于引种驯化和定向培育新的品种。园林树木的种子来源广，便于大量繁殖，育苗技术易于掌握，可以在较短时间内培育出大量的苗木或嫁接繁殖用的砧木，因而播种育苗在苗木的培育中占有重要的地位。

二、实生苗的优缺点

实生繁殖的优点是方法简便，易于掌握，在短期内能培育出多量苗木，且苗木根系强大，生长健壮，生活力强，寿命长，适应性广，在生产上有很大应用。如果长期使用插条、分株等营养系繁殖，会使种性退化（如产量下降、品质降低等）；采用实生繁殖，可使该种树木复壮。同时，由于大多数种子不带病毒，在隔离的条件下育成的实生苗也不带病毒。因此，在长期的生产实践中，实生苗被广泛地应用。当然，实生苗也有不少缺点，如一般劣变较多、进入结果期和盛产期较迟、青刺果的刺很多、不便管理等，这些都需要设法加以克服。

三、实生苗的培育

实生苗可以作为苗木直接栽种，为了获得满意的结果，培育实生苗首先必须筛选适用的树种再采用实生苗直接栽种，不能滥用。其次，要明白优良的栽培性状是在优良的栽培条件下，通过人为的选择而发展起来的，因此，培育实生苗必须进行选择，以便优良的种性得到遗传。最后，培育条件要比其他繁殖法严格，在苗圃地深耕的基础上增施肥料，勤加灌溉，适当增加营养面积，防止杂草滋生及病虫蔓延，做好预防不利气候的工作，使幼苗从开始便有良好的生活条件。

（一）种子选择及采集

作为培育实生苗的种子，必须严加选择，不仅要选择对当地环境适应性强的优良种和品种，而且应尽可能选择其中更优良的母本树。种子在充分成熟时采收，以保证种子的充实饱满和发芽整齐一致。利用果子加工厂加工果汁、果脯等剩下的种子，虽然也是一个办法，但必须注意在加工过程中不使优劣品种的种子混杂以及优良的种子不受损失。

青刺果的种子在4月中旬至5月上旬成熟，要在树势强壮、背风向阳、结实多、品质优良的盛果期、树龄在15～30年，且当年充分成熟、籽粒饱满，无病虫害的母树上采集。种子的采集方法有两种：一是采集当年成熟的新鲜果实堆于阴凉地方，待果肉腐烂后取出，此法虽然简单，但较浪费，且堆放期间易发生高热，将烧死种子；二是将果实用手逐个搓烂取出。种子取出后，应立即洗净附着的果肉残屑及果皮，淘汰上浮的不充实种子，然后放于通风干燥处稍阴干，即可播种。青刺果的种子最好即采即播，如不能立即播种的要妥善处理。

（二）种子的贮藏

收集的青刺果种子应贮藏于通风、阴凉、干燥处，也可置于5℃的冰箱中保存。但应注意，青刺果种子不宜久藏，一般采用当年成熟的种子，翌年春天播种或随采随播。由于青刺果属于油料种子，内含丰富的脂肪酸，干籽极易氧化，隔年干籽出苗率极低，不宜使用，因此最好随采随播以提高发芽率。

（三）播种前的种子处理

种子萌发，必须吸收大量水分。但是，不同种类的种子浸种所需的时间不同。如果浸种的时间太短，种子吸收水分不多，就不能达到促进萌芽的目的；如果浸种的时间过长，种子处在含氧气极少的水中太久，也会影响萌芽。因此，浸种的时间不能太短或太长，同时，还要考虑种子种皮结构及当时的温度情况。

对于当年晒干了的青刺果种子，在播种前必须浸泡48 h以上，让种子充分吸水，然后用500～800倍的50%超微多菌灵可湿性粉剂溶液，对种子进行20 min的杀菌消毒，或用0.5%高锰酸钾溶液消毒2 min（取出后用清水冲洗干净），晾干后即可播种。

（四）播种时期及方法

1. 青刺果的亩用种量和播种时间

青刺果干籽粒重量因产地、品种及饱满程度不同而有区别，一般每千克为7000～7500粒，选用当年的种子育苗，出芽率可达75%左右。从培育壮苗角度出发，每 667 m² 播种量 10~15 kg 为宜。

各地气候条件有差异，其播种期及最适宜播种季节也不同。凉山州气候温和，雨量充沛，青刺果实生育苗有春播和夏播两种，春播时间一般是在 3 月下旬至 4 月中旬，夏播时间一般是在 6 月中旬至 8 月上旬。薄膜和温室育苗的可以适当提前。

2. 播种方法

依播种后移栽与否，可分为直播和床播两种。播后不进行移植，直接出圃的，称为直播；在幼苗期需进行分床移植的，称为床播。

播种方法可分为撒播、条播、点（穴）播三种。对小粒种子，如柑桔、番木瓜等，多采用畦内撒播或条播；对中等种子，如荔枝、龙眼等，多采用条播；对大粒种子，如板栗、芒果等，多采用点（穴）播。撒播因深浅较一致，故出苗整齐，出苗率较高，管理比较集中，也能较经济地利用土地，但移植幼苗所费劳力较多，中耕除草等管理工作较不方便；条播移植幼苗比撒播省劳力，中耕除草也较方便；点播种子用量最少，特别适于直播育苗。不同种类播种量的多少，与种子大小、发芽率及土壤肥瘠等有关。播种后要覆土，覆土深度依种子大小、土壤状况、播种时期及覆土材料而定，一般来说，大粒种较小粒种深，轻松土较重粘土深，秋冬播较春播深。覆土后要在畦面上盖上稻草或厩肥，以减少畦面水分蒸发及防寒防晒。盖草后必须充分淋水，才能促进种子更快萌发。青刺果种子属于小粒种子，适合畦内撒播或条播，也可采用点播或容器育苗。

（1）条播。

青刺果播种可开畦起垄条播，一般畦宽 180~120 cm，垄高 20~30 cm。播种后盖细土 2~3 cm 厚（青刺果种子属小粒种子，育苗时覆土不宜过厚，过厚会导致出苗率低，苗木细弱），覆土后即在畦面上盖一层稻草或以地膜覆盖，盖草后或覆膜前用喷壶浇足一次水，以后看墒情每隔 3~5 天浇一次水，待苗木长齐后，揭去覆盖物。

（2）点播。

青刺果育苗也可在苗床上采用开沟点播的方法播种，沟深 5 cm，沟（行）间距 15 cm。种子的播种距离为 3~4 cm，数量为 2~3 粒，覆土厚度约为 1 cm。覆土后要在苗床上盖一层稻草（或盖松针），厚度为 1~2 cm，盖草后必须充分淋水，之后再用小拱棚盖薄膜。

（3）容器苗的培育。

配制好育苗基质，基质的基本组成：三份松林的生土加一份腐殖土；或有机质含量丰富、土质疏松的苗圃土四分之三，加四分之一的腐熟有机肥或无害的垃圾土，并加入营养元素，每立方米营养土加过磷酸钙 1.8 kg、碳酸镁 2.5 kg、碳酸钙 1.8 kg 或氧化钙 1.5 kg、硫酸铜 80 g、硫酸锌 50 g，充分拌均匀并经暴晒杀菌后备用。用 13 cm×18 cm，厚度为 1 mm 的无毒聚乙烯容器装袋，将盛满基质的容器整齐排于宽 1 m 的苗床（低于地面 20 cm）上，在播种（移栽）前几天，用 1000

倍液稀释 30％恶霉灵均匀喷洒苗床土壤，以每平方米 10 kg 进行消毒处理。

每袋容器播种 2～3 粒饱满的青刺果种子，播种后用细土覆盖 1 cm 左右，用松针（1～2 cm）盖于苗床上，再浇一次透水；青刺果的移栽育苗是用苗高达到了 10 cm 左右的青刺果小苗进行移栽，每袋容器移栽一苗后，再浇一次透水；5 天后补一次苗。优点是出苗率高，均匀、整齐。

圃地苗和容器苗在生长和质量上无差异，圃地苗更节约成本，但在当年雨季造林时（播种时间为 6 月）苗木木质化程度不足，移植易脱水死亡，不宜上山造林，容器苗可四季灵活造林；次年 5 月，裸根苗、容器苗均可用于雨季造林（7～9 月）。

（五）播后管理

播后管理主要是观察苗床表面土壤干湿情况，及时浇水，如不浇水，时间久了种子丧失了发芽力，苗木将参差不齐或推迟苗木的出圃时间、达不到壮苗等。夏季育苗，雨水较多，要注意清沟排渍，种子久渍水中，极易发生霉烂，降低或失去发芽力。

播后管理包括移植前管理、分床移植、施肥及排灌水、中耕除草、病虫害防治等，这些管理工作对于实生苗的培育具有重要意义。

第五节　苗圃管理及苗木出圃

一、苗圃管理的重要性

苗圃管理技术的好坏直接影响苗木出圃率及质量。因为种苗是青刺果树一生中生长最活跃、最易受环境条件影响的时期，同时又由于种苗生长迅速，组织幼嫩，更易受病虫及其他自然灾害的危害。因此，加强苗圃管理，满足苗木生长对光、温、水、氧气、土壤养分及其他条件的需要，保证其优良种性在良好的栽培条件下得到充分发挥，是发展青刺果生产、培育良种壮苗不可缺少的重要环节。

为满足迅速发展青刺果生产对苗木的需要，各地正开展快速育苗、各种繁殖材料的综合运用等方面的试验。这些试验能否获得成功，除了与材料的选择及其他技术运用得当与否有关，还取决于苗圃管理技术的好坏。例如，扦插苗的"回水"问题，主要是管理不周到所致。管理不善，苗木生产差且慢，缺株多，出苗率低，出圃时间长，质量差，直接影响生产计划，也会增加日后果园管理的困难。因此，必须重视苗圃的管理工作。

二、苗圃的土壤管理

除了建园前注意选择较好的土地并进行改良熟化外，还应通过耕作、施肥及排灌水等，使土壤结构、透气性、保湿性良好，消除对根系活动有害的物质，增加苗木生长所需要的养分，为苗木生长创造良好的土壤环境。

（一）土壤耕作

土壤耕作包括深耕、整地及中耕除草等。缓坡地苗圃经土壤熟化改良后全面深耕 0.27～0.33 m，结合清除香附子、茅草、酢浆草等恶性杂草，施有机质肥料及石灰，耙平碎土起畦，使土壤细碎松软，畦面平整，畦的宽度和高度要根据土壤、地下水位高低来决定。在苗木生长期间，还应经常进行中耕除草，一般 10～15 天除草一次，以改善土壤状况，消灭杂草，防旱保湿，以促苗木生长。一般在雨后及灌水后土面板结时中耕，深度以 3.33～6.67 cm 为宜，在特别干旱季节，中耕以锄破表土为度。

（二）除草间苗

播种后要搞好田间间苗和除草工作。除草应掌握"除早、除小、除了"的原则，要随时清除苗圃内杂草，防止其影响苗木的生长发育，除草最好在雨后或灌溉后进行，这样既省工又可达到保墒的目的。为保证幼苗有足够的营养和光照，当幼苗长出 3～5 片真叶时间苗，将弱小苗、病苗、丛生苗除去，结合间苗，将缺穴补上，保证全苗，补苗后应适量浇水。

（三）施肥

苗木生长迅速，但组织幼嫩，应以薄肥勤施为原则。青刺果苗圃地施肥应以基肥为主。除施用基肥外，为使幼苗速生粗壮，应依土壤、气候情况及生长情况决定追肥种类、次数及分量。实践证明，幼苗期追施氮肥，可用 0.2％的尿素水溶液或复合肥溶液喷施，氮肥充足，苗木叶色浓绿，生长旺盛而迅速。注意用肥量，根据幼苗长势酌情施肥，做到勤施、薄施。苗木速生期可追施氮肥和磷钾肥，钾肥可使苗木枝干坚韧，生长健壮，磷肥对幼苗根系发育有良好的促进作用，故叶面可喷施 0.3％尿素、0.5％过磷酸钙和 0.3％磷酸二氢钾 2～3 次；生长后期应停施氮肥，多施钾肥，于叶面喷施 0.2％磷酸二氢钾 2～3 次。施肥要结合浇水，特别是在干旱季节尤为重要。

（四）排灌水

苗木生长期间，土壤要保持一定的湿度，以满足苗木对水分的要求。要根据苗木不同生长发育期的需水量及降雨情况进行灌溉及排水。青刺果播种及扦插前适量灌水，对保证种子发芽、插条生根有重要作用；播种后看墒情每隔 3~5 天浇一次水，经过精心管理 20 天后苗木基本出土，之后根据每箱苗木的出土情况，揭去覆盖物，揭时注意不能把幼苗拉出、折断。到中、后期可根据天气情况酌情浇水，但一定要保持苗床水分适宜，灌溉应少量多次。幼苗出齐后，子叶完全展开，进入旺盛生长期，根据土壤墒情，及时进行灌溉，每次要浇透浇足，宜在早晚进行，避免在土壤温度特别高时灌水。秋季适当控水，在雨季来临前应搞好排水沟，降雨过多时应迅速排除渍水，除四周挖深排水沟外，苗圃面积较大时，还要在中央适当增挖较深的排水沟。

三、苗木植株管理

实生苗管理主要包括移植、摘心和除芽等。

（一）移植

实生苗应及时进行疏苗移植，促进侧根发育，增加苗株营养面积，这对主根性强的树种尤为必要。幼苗移植最好是在早期进行，因早期苗株幼小，叶面积不大，蒸发的水分不多，伤根较少，成活率较高，恢复生长较快。

移植技术主要是保证幼苗根系少受损伤，减少叶面蒸发，并给根系以迅速恢复生长与吸收作用的良好条件。移栽时间最好在无风的阴天或傍晚进行。移栽幼苗可剪除掉部分枝叶，以减少蒸发；移栽过程中幼苗不要受晒，特别是不带土移植的，更要保护好根系；栽时要使根系舒展，避免卷曲或偏向一方，深度与原来相同；栽后压土并立即充分浇水，再盖一层稻草以保水分。之后注意中耕、淋水和施肥，以提高成活率。

移植时还须结合淘汰病弱苗，并按大小分级移栽，使幼苗生长整齐，便于管理。起苗后将幼苗根系蘸以稀泥浆，可保护及增进根系与泥土的粘合。在稀泥浆中加入低浓度的植物激素如 2,4—D、吲哚丁酸等，对促进幼根生长有好处。

（二）摘心

当苗木生长速度减慢或达到相当高度并有一定叶面积时进行摘心，以抑制苗木伸长，促使叶子制造的有机养分集中供应苗木加粗生长。作为实生苗培育的，更要结合整形，适时摘心，以培养分布均匀、数量适宜的主枝。

（三）除芽

及时除去幼苗上无用的萌芽，可减少消耗，使水分及养分集中使用，加速幼苗生长。除芽要在木质化以前进行，且越早越好，因早除伤口小，易愈合，消耗水分和养分也较少。对实生苗，在干基部离地面 6.67~10 cm 以内的萌芽或副梢，要及早除去。

四、防治苗圃病虫害及预防自然灾害

（一）苗圃病虫害的防治

苗圃病虫害较多，也较严重，防治不好，会使育苗工作遭受巨大损失，影响苗木生长，甚至导致大批幼苗死亡。如果苗木把病虫害带到果园，使种植基地受到病虫的经常威胁，则危害更大。因此，必须认真抓好这一环节。

幼苗生长迅速，枝叶周年重叠生长，组织幼嫩，更易受病虫的危害。一般除专门危害果实的病虫害外，青刺果树有什么病虫害，苗木就会有什么病虫害。此外，有些病虫害在果园中不发生或少发生的，在苗圃内却危害严重，如幼苗立枯病、猝倒病、地下害虫蝼蛄、金龟子幼虫等。因此，防治苗圃病虫害，更强调贯彻"防重于治"的方针，采取积极预防、及早治、彻底治、综合防治的措施。一般采取农业防治、化学药剂防治、人工防治等方法。

1. 农业防治

通过选择圃地、深耕、轮作、及时排灌水及施肥等，一方面可以防治借土壤传播的病害，如立枯病、根腐病及地下害虫（蝼蛄、金龟子幼虫）等；另一方面可以促进苗木迅速生长，避免害虫危害，通过增强苗木对病虫的抵抗能力而减轻危害。有许多病虫害是由繁殖材料带进苗圃危害苗木的，如病毒病。因此，选择无病虫繁殖材料及对繁殖材料先进行认真消毒处理，是防治苗圃病虫最有效、最经济的措施。如选取的扦插枝条，均需来自无病虫的母本株；取来的枝条在扦插前应用药剂消毒，以消灭隐藏的病虫。

2. 化学药剂防治

化学药剂防治是最普遍使用的方法，大部分病虫可用药剂防治，效果也很好。但要注意不同药剂的交替使用，以减低害虫的抗药性，提高防治效果；同时药剂浓度不宜过高，以免浪费，并造成药害。

青刺果苗期主要病害有猝倒病、立枯病和根腐病，可用百菌清或世高等杀菌剂防治；苗期地下害虫主要有蝼蛄、蛴螬、金龟子幼虫、金针虫等，啃食苗木根部，以及蚜虫危害，可用吡虫啉或乐斯本等杀虫剂防治。

梅雨季节容易发生根腐、叶斑病，发生病害时可用 0.333％多菌灵药液喷洒，发生初期 3 天喷 1 次药，连续喷 3 次，以后 7 天喷 1 次，连续喷药 2~3 次，可控制病情发展，每 15 天在叶面喷施 0.167％敌杀死药液一次，以防治蚜虫。

青刺果干籽粒属于油料作物，无论鼠或松鼠都喜食，播下的种子和长出的幼芽都会遭到鼠害，因此播种后应在苗圃四周投放鼠药，防止鼠害造成损失。

3. 人工防治

对某些病虫害如叶斑病及金龟子等体型大的害虫，采用人工剪除病叶、病斑或捕杀，目前也是一个经济、有效的办法。

此外，苗圃还须注意清除枯枝落叶，预防鸟兽及鼠类等危害。

（二）苗圃自然灾害的预防

苗圃的自然灾害主要是指寒害、日灼、风害和旱涝等。

1. 预防寒害

青刺果幼苗在冬季常遭受寒冻害。预防方法：增施磷钾肥，提高果苗的抗寒能力；搭棚盖草或覆盖塑料薄膜防寒。

2. 预防日灼

夏季高温烈日，蒸发量大，容易灼伤新梢及使新梢"回枯"。为了避免日晒，可搭棚或插树枝遮阴。株行距较大的苗地，畦面易受阳光直射，土温过高，会灼伤根系，影响幼苗对水分和养分的吸收。若没有搭棚遮阴，则需要覆盖畦面，降低土温。

3. 预防风害

避免在风害严重，特别是风口地方建苗圃，这是预防风害的主要措施。此外，在风害较严重的一面，搭挡风矮墙（材料可用竹及稻草），也是一个可行的办法。

4. 预防旱涝

建圃时搞好苗圃的排灌系统，是预防旱涝的主要措施。水源缺乏的苗圃，应做好引水渠道或打井抽水，以防旱害。

五、苗木出圃

苗木出圃是育苗工作的最后一环，也是最重要的环节。因为种苗出圃技术的好坏，直接影响定植成活率及幼树的生长。因此，必须以认真负责的态度，按照苗木出圃的技术规程操作，保证出圃质量。

（一）出圃时期

青刺果树为落叶灌木，种苗可在冬季落叶后至春季发芽前出圃，在这段时间定植、假植成活率高。由于这时地上部分生长相对停止，落叶又减少了水分蒸发，且此时土温一般比气温还高，所以在这时期定植、假植就有利于根系伤口的愈合及生长。若需在生长季节出圃，最好是在新梢转绿后、根系处于最活跃时进行；且需剪除部分枝叶，保护好根群并加强植后淋水管理。用容器育苗的，因根部基本上不受损伤，任何时候都可以出圃。出圃时期一般结合定植期确定，各地可根据本地区气温、降雨及水源情况确定。掘苗出圃应避免在有强烈西北风及气温特别低的情况下进行。

（二）苗木出圃规格

苗木出圃应符合出圃规格，不同种类苗木出圃，有不同的要求，同一种苗木也可分为几级。一般苗木出圃应具备以下条件：

（1）生长健壮，达到一定高度及粗度。

（2）根系良好，除具有一定长度的骨干根外，还有较多的须根，须根长20 cm左右。

（3）无严重病虫害，特别是检疫性病虫害。

（三）掘苗、修剪

掘苗有带土起苗及不带土起苗两种。对一些假植苗，因根脆弱易伤断，一定要带土起苗。而青刺果种苗为落叶性果苗，为保存更多根系及便于包装运输，一般不带土起苗。

起苗前3~5天要浇一次透水，让苗地土壤充分湿润、疏松，这样可以在起苗时不损伤根系。锄掘时要尽量深些，掘出后轻轻敲掉根上附着的泥土，并立即修剪地下部及地上部。地下部将主根剪至末条侧根分歧处，受伤根部宜将伤口剪平。地上部剪除一切枯枝、病虫枝，还要修剪部分枝叶。要尽量减少修剪伤口，以减少蒸发，如对一片叶应整片剪除，而不要留一半，因为每片叶都剪去一半造成的伤口比仅有一部分叶全片剪去的伤口多得多，损失水分也多。未转绿的新梢，消耗水分和养分多，也要剪去。

（四）分级、消毒、蘸泥浆护根及包装

起苗修剪后应按规格标准进行分级，淘汰不合出圃要求的劣苗、病苗，并用药剂消毒，避免将某些病虫害传播到果园。苗木分级、消毒后，即可进行包装，做法是：将苗木根颈部对齐，每十株为一小束，用麻皮或塑料薄膜袋分别在根部、根颈部及主干分枝下部三处缚扎后，蘸稀泥浆护根，再以五至十小束捆为一大扎包装。包装后要挂标签，写明树种、级别、数量、出圃日期等。车船运输时，宜将苗木根部相对平放，堆叠不能过高过密，并要妥为遮阴，避免日光暴晒，晚上还应摊开打露，并淋些水，以防发热。但淋水一定注意不要淋及枝叶，以防落叶。苗木要及时装运，尽量缩短运输时间，以提高定植成活率。若苗木装运时间较长，则最好集中假植，加强护理一段时间后再定植。

（五）苗木假植

经分级、消毒的苗木，若不能及时外运或栽植，则应尽快假植，以免根系受冻或失水。选背风向阳处，挖深、宽各 0.5 m 的沟，沟长根据假植苗量决定。将苗木散开植入沟内，不可拥挤，填入少量土后轻轻提苗，使每株苗木根系与土壤密接，踩实，然后充足填土。切忌整捆堆植，否则会使捆与捆之间的苗木因长期不能与土接触而缺水"吊死"。假植好苗木后，若土壤过于干旱，则应浇透水 1 次，之后不必多次浇水。

第四章　青刺果建园及移栽

青刺果是多年生经济植物，寿命长达 50 年。要发展青刺果生产，种植园的设计规划是一项最基础、最重要的工作。如果建园之前考虑不周，成园之后将很难改正规划设计方面的缺陷，直接影响果园经济效益的高低。因此，种植园设计规划时要对园地自然条件和社会经济状况进行调查研究，统筹安排，本着合理利用土地、便于经营管理、争取高产高效益的宗旨搞好青刺果园的规划，为将来树体健壮成长、稳产、高产、提高经济效益打下基础。

第一节　青刺果对环境条件的要求

青刺果是适应性强的树种，它与其他树种一样，受自然界各种生态因素的影响和制约，形成了一个相对稳定的生存、生长范围。了解、认识青刺果对环境条件的要求，对选择确定最佳园址，做到适地栽培是十分必要的。

一、海拔

青刺果喜高海拔冷凉山区，最适宜海拔为 2300～2700 m 的区域，一些小气候特别适宜的其他海拔区也可种植。是否适宜种植，主要由附近的野生指示植物（青刺果）是否生长旺盛来决定。

二、土壤

青刺果对土壤要求不高，山坡中下部和阴坡半阳坡荒坡、荒地、地边、路旁和箐沟两岸均可种植。但是，青刺果生产不仅要注重青刺果的产量，更要注重青刺果的质量，从这个角度来看，青刺果种植最适应的土壤为土层深厚（30 cm 以上），土质肥沃，疏松、排水良好、无污染的微酸性红壤土、沙壤土及黑壤土等，土壤环境质量符合国家Ⅰ类土壤环境质量标准（有机质>15 g/kg；全氮>1.0 g/kg；有效磷>20 mg/kg；有效钾>120 mg/kg；质地：轻壤，中壤）。碱性重的白粘土和重粘土不适宜种植。土壤结构以团粒结构者为最佳。

三、水利、交通

种植地块必须建立在水源条件良好、水质纯净、符合国家Ⅰ类农田灌溉水质标准的地区，有水源保障才能提前挂果，才能保证稳产丰产。同时，考虑到今后运输方面的问题，还应看交通条件是否便利、劳动力是否充足等。

四、气候条件

青刺果为阳性树种，喜光、喜暖、喜湿润的气候，但也能耐旱、耐寒，对环境的适应能力很强。因此，选择气候条件相对冷凉、相对湿度为60%～80%、大气环境质量符合国家一类标准的地区种植较为适宜。山顶、地势低洼的地方、风口不宜栽植。

第二节　园地规划与设计

在建园设计规划前，应首先进行社会调查和地形勘察。社会调查主要了解当地经济发展状况、林业情况、土地资源、劳动力资源、产业结构、生产水平与种植区划等，到气象或农业主管部门查阅当地气象资料，采集各方面的信息。在分析各种资料的基础上提出初步意见及设想，然后进行现场地形勘察，主要是掌握规划区的地形、地势、土壤质地、肥力状况和植被分布，以及园地小气候等自然条件，以此作为种植园设计规划的依据，编制初步方案和绘制规划图。造林地规划应着眼于当前，考虑长远，做到以短养长，以林促农，以林养农，更多、更快地增加经济收入，减少病虫草害发生的概率，改善农业经济结构和农业生产基本条件。青刺果园的规划宜在有关业务部门的指导下，由乡村负责统一组织。

种植园设计规划的内容一般应包括土地规划、栽植区划分、树种的配置、防护林、道路、排灌系统的建设、肥料场地和包装房舍的建设。

一、栽植区划分

（一）小区规划的原则

为了便于管理，种植园常划分为若干个作业区，每个作业区称为小区。小区是种植园耕作管理的基本单位。正确划分小区，是提高种植园工作效率的一项重要措施。

在进行小区规划前，应对园地进行一次踏查，主要了解地形、气候、土壤、植被和面积等概况，踏查前做好调查提纲，踏查后绘出草图，为具体规划提供依据。

园地面积较小时可用丈量法。规模大或山地种植园则需要使用仪器测量，绘制平面图，并标出地形地物。山地建园，地形复杂，需要测定等高线，以便修筑梯田或挖鱼鳞坑进行水土保持。

测完地形、面积和等高线后，要按照规划要求，分别测出作业区、道路、排灌系统、防护栏和定植点，并用木桩作好标记，以便施工，面积较大的园地在测量完毕后，要及时绘制出平面规划图。

（二）小区的划分

小区的大小，因地形、地势和气候条件而不同。青刺果都是种植在海拔 2300～2700 m 的高山上，山地种植园地形复杂，气候条件不太一致，小区面积应稍小，一般以 13333～20000 m² 为宜。为了便于今后耕作管理，小区多采用 2∶1、5∶2 或 5∶3 的长方形，山地果园的小区长边需同等高线走向一致，并同等高线弯度相适应，以减少水土冲刷，也有利于机械耕作。

小区的划分还要和种植园道路系统、排灌系统、防护栏建立等相适应。既要考虑耕作的方便，又要便于田间操作与管理，同时还要注意保护生态环境，要根据当地的地形、地貌，因地制宜，使小区与周围环境融为一体。

二、道路设置

道路是园区的重要设施，应根据种植园的实际需要设置。园区道路的设置包括道路的布局、路面宽度及规格。道路布局要根据地形、地势、种植园规模与园外交通线而定。设计道路时应从长远考虑，根据种植园全部建成后预计最高产量期的运输量来规划道路规格与规模。大中型种植园的道路系统一般由主路、支路和小路组成。

近些年，城乡交通发展迅速，基本达到村村通公路。因此，种植园的主路可以利用穿过园内的公路或只开通连接邻近公路的一段主路即可。重要的是园内道路的规划建设，大中型种植园的园内道路可以设一条主路和若干条支路。支路应与栽植区、防护林和排灌系统结合规划，以节省用地；园内支路是栽植小区之间的道路，其宽度以能对开汽车为限，一般宽 5 m 左右。小路是栽植小区内的道路，一个栽植小区设一条即可，而且要与树行垂直修建，以便于喷药、运果和运肥时车辆行驶，宽度以 3 m 左右为宜。

三、防护林营造

青刺果在生长季节常遭风害袭扰，花期的旱风会影响授粉和坐果，雨季的风雹会造成落果落叶，因此应有防护林保护。营造防护林可以起到降低风速、减轻风害，提高坐果率，减少土壤水分蒸发，增加空气湿度，调节气温、土温等作用，有利于改善果园生态环境，对青刺果的生长也能起到很好的防护效果。要充分发挥防护林的效果，必须从栽树营林之日起就加强抚育管理，使其尽快成林。只有这样，才能发挥最大的防护效果。

建造防护林时，要根据当地有害风的风向、风速和地形等具体情况，正确设计林带的走向、结构、带间距离及适宜的树种组合。应选适应当地气候与土壤、抗逆性强、生长迅速、枝叶茂密、寿命长、根系深、与青刺果无共同病虫害，并具有一定经济价值的树种，如花椒、油松和马尾松等。

四、排灌系统设计

种植园的水利建设主要包括灌溉和排水两个方面。

灌溉系统：青刺果在生长过程中需水量并不是很多，但需水的均衡性强。因此，在建园时一定要考虑园地的灌溉，尤其是栽植密度较高时，没有灌溉条件很难满足栽培的需要。

灌溉系统要由园地的具体条件决定。目前平地种植园仍以明渠灌溉为主。山地种植园应着重解决引水上山工程或用塑料软管把水引上梯田，在梯田上只设灌水沟。栽植密度较大又有条件的园地，宜采用较先进的地下管道输水，地面只设灌水沟。

排水系统：凉山州的降雨集中在 7~8 月，种植园排水不畅往往会造成涝灾，因此，园地必须有良好的排水系统。

平地种植园的排水系统一般由栽植小区内的集水沟、小区之间的排水沟和园地排水干沟组成，降雨过多时，雨水可通过集水沟进入区间的排水沟和排水干沟。山地种植园是在梯田内缘修建竹节沟拦蓄雨水，降水量大时雨水通过竹节沟进入梯田两端的排水沟或自然沟。园地上部如有较大面积的山场或荒坡，应在种植园的上缘开挖拦洪沟，使上部的大量雨水沿拦洪沟进入自然沟或蓄水池，防止冲坏梯田。

第三节　栽植前的整地改土

园地选择规划好后，首先应着手进行栽植前的整地改土。凉山州的青刺果多种植在海拔 2300～2700 m 的高山上，这些地区一般土质瘠薄，土壤结构不良，水土流失严重，有机质含量低，不利于青刺果的生长发育。青刺果对土壤虽然要求不高，但要使其健壮生长，高产质优，必须进行整地改土。

整地改土是建园的基础，是提高造林成活率、促进苗木生长的重要措施，整地改土可改善土壤条件，蓄水保墒，减少水分蒸发，消灭杂草，提高土壤肥力，有利于幼树根系的发育，便于造林后松土除草。为了解决生产上整地与改土脱节的问题，整地改土应做好以下几个方面。

一、整地改土标准

（1）土壤活土层达到 60～80 cm。

（2）土壤有机质含量达到 1.0% 以上。

（3）平地种植园整地要结合排灌进行，山地种植园要修建梯田，减少水土流失，有利于园地保土保肥。

二、整地改土时间

整地改土时间最好在定植前半年进行，提前整地可以蓄水保墒，又能加速有机肥的分解，利用杂草的根、茎、叶腐烂后培肥地力。不提倡整地、改土、栽植同时进行。

三、整地改土方法

种植前 1～2 个月内要完成挖坑、回土、施基肥工作，打坑规格为 60 cm×60 cm×60 cm。挖坑时，表土与心土宜分别堆放，将挖出的卵石、石块、粗沙砾等除去。

回坑一般在栽植前 1 个月左右进行，回坑时要施足底肥，以便促使幼苗生长快而健壮。要求在每坑内施入腐熟有机肥，如牛羊粪、堆肥、绿肥、农作物秸秆、山基土等 10～15 kg。回坑时把表土回在底部，与有机肥充分拌匀，回好的坑要求起垄（把生土分堆于坑两侧做成畦埂），因为起垄栽培是保障青刺果基地建设成功和提前挂果的关键措施，起垄规格为垄高 30~40 cm，长、宽各 60 cm。坑填好后，立即灌 1 次透水，使之沉实，水渗下后，坑土下陷部分用行间土覆盖平。

第四节　苗木栽植

一、苗木准备

苗木质量关系到成活率、生长势和园相的整齐度，因此，定植前的苗木准备工作必须做好。苗木出圃时应分等级包装，选用株高不低于 50 cm，生长健壮，根系发达（须根多、断根少）的优质壮苗，剔除病虫苗、无根苗、伤苗和弱苗。

栽植前要对苗木进行适当的处理。除应剪齐根子的伤口和砧木残桩外，最重要的是将苗木进行浸水处理。特别是外地长距离调入的苗木，分级整理后，必须用清水浸泡 2~6 h。因为苗木自圃内挖出后就断绝了水分供应，在包装、运输和假植贮存过程中，会散失大量水分，栽植后不能很快长出新根，树体散失的水分难以迅速补充。栽植前进行浸水处理可使苗木吸足水分，栽后易成活，缓苗快，是保证苗木成活的关键措施。失水多的苗木浸水时间宜长，失水少的苗木浸水时间宜短。

为了确保成活，并使苗木生长健壮，应用波美 4 度石硫合剂喷洒或浸蘸苗木 5 min，然后用清水将根系上的药液冲净，蘸上黄泥浆，使其与土壤密接；也可用生根粉浸根 5~10 min，以促进成活。

二、栽植时间

青刺果袋苗或带土球苗四季均可定植。一般苗木定植时间为 6~8 月，但最佳时间为 6~7 月，因为接近雨季定植，可节省人工浇水劳力。

三、栽植密度

青刺果的栽植密度要合理，不可过密或过稀。过稀，不能充分利用土地，产量不高；过密，虽然前期产量较高，但树冠很快郁闭，通风透光不良，果品产量和质量都会受到影响。此外，栽植密度还取决于间作计划、机械化管理、整形方式和栽植形式等。

通过进行不同密度造林试验得出（见表 4-1），青刺果苗栽植密度可考虑 2 m×4 m、3 m×4 m、3 m×5 m、4 m×5 m。但从长远考虑，以 3 m×5 m 和

4 m×5 m最适宜。考虑到早期丰产，前期可先考虑 2 m×4 m，株间过密后可隔株间除，改造成 4 m×5 m。

表 4-1 不同密度造林试验

栽植密度	3年生冠幅	5年生冠幅	8年生冠幅	初步评价
1 m×4 m	0.72 m×0.92 m			株间过密
2 m×4 m	0.82 m×0.91 m	1.8 m×2.2 m		株间过密
3 m×4 m	0.91 m×0.92 m	2 m×2.5 m	2.7 m×3.8 m	株间过密
3 m×5 m	0.91 m×1.10 m	1.9 m×2.3 m	2.8 m×4.2 m	适宜密度
4 m×5 m	0.92 m×1.10 m	2 m×2.2 m	3.1 m×4.5 m	适宜密度

四、栽植方法

实践证明，栽植方法的好坏直接影响成活率及幼树的生长。因此，建园时必须严格按照栽植技术把好每一个环节。栽植苗木最重要的是保证根系舒展，并掌握适宜的栽植深度。适宜的栽植深度是苗木根系的中部处在地下 13~17 cm。栽植过浅容易露根、干旱影响成活；栽植过深缓苗慢，生长弱。各地土质不同，栽植深度应有一定差别。一般是沙地栽植可稍深些，粘土地栽植可略浅些，栽植深度与苗木在苗圃中的生长深度一致为佳。

栽植前要检查树穴的挖掘质量，对于不合格的树穴要根据实际情况给予必要的调整。苗木栽植前先浇足定根水，栽植后再酌情浇足防旱水直至苗木成活（比较干旱的地区，栽植前可把坑内的泥土拌成稀泥，然后再栽植）。

栽植苗木时应由两人操作，一人扶持苗木，另一人填土。扶持苗木的人将苗木放入检查后的栽植穴底，一要掌握栽植深度，二要用手舒展根系，务必使各部位的根子舒向四方，同时校正栽植的位置，使株行之间尽可能整齐对正，并使苗木主干保持垂直。填土时手将苗木轻轻向上提动，以防窝根，而后填土踏实，这样把每一条根都舒展开，吸收范围大，苗木易成活，栽植后盖好表土。填土的高度，应使苗木根颈处高出地面 5 cm，成馒头状，这样灌水后土壤下沉，苗木根颈部即与地面平齐。苗木栽好后，在苗木树盘四周筑一圆形土埂，以便于浇水。待全园栽植完后，立即浇水，浇水时必须浇透，以保证成活，水渗下后，把歪倒的苗木扶正培土，并及时用杂草、树叶等覆盖树盆，以保温保湿。

五、栽后管理

为了提高栽植的成活率，促进幼树生长，加强栽植后的管理十分重要。苗木栽植后，如果遇到干旱少雨气候，则应及时浇水（视天气情况，每隔 3～7 天浇水一次），并进行松土保墒，以保证青刺果苗木正常生长。在一般情况下，每 20 天浇一次水。

当苗木新梢长 10 cm 时，要每株灌 10 kg 腐熟的人粪尿，灌完肥后立即浇水；或者每株施 100 g 硫酸铵。此时施肥，要多次少量，且每次施肥都要结合灌水，以保证苗木正常生长所需的营养物质和水分。施肥时，以在离青刺果苗 30 cm 左右处进行环状沟施为宜，沟深 10 cm 左右。

新栽的青刺果苗，冬季要注意防寒。在封冻前，要浇一次封冻水，同时可用杂草捆绑树干，或设立风障，或在苗木基部培高 70 cm 的土堆，也可以采取涂白等防害措施。9～10 月，结合中耕除草，喷一次磷、钾肥，以增强树体的抗寒防冻能力。

除以上管理内容外，在整个生长期还要注意病虫害防治并及时进行夏季修剪，以保证苗木的健壮生长。

六、围栏

连片种植的基地都要求有围栏设施。围栏建设因地制宜，可采用挖防护沟加垒石墙、土墙，拉铁丝网，用废弃木材围木栅栏等方式进行。

七、新栽树苗"闷芽"原因

新栽的树苗到该发芽的月份还不发芽，而且皮不皱，梢不干，并没枯死，这种现象称为"闷芽"。引起"闷芽"的原因主要有以下几种：

一是苗木移栽时伤根太多，特别是须根损害严重，定植后难以吸收水分和养分，导致整棵树的生理机能失调。

二是定植前整形修剪的部分不当，留下弱芽和隐芽。

三是墒情不足，加上定植时覆土不严，根与土壤接触不实，影响根系的发育。

四是栽植过深，由于深层土壤中氧气不足，不利于根系生长与愈合，影响地上部幼芽的生理活动。

五是根系生长需要一定的温度，如果定植处地下水位过高或浇水太多，会降低土壤温度，影响生根，进而推迟发芽。

为了防止青刺果苗"闷芽"，移栽时一定要选用健壮、有完整根系的苗木，地上部修建要留壮芽，栽前将伤根、病根剪除，注意多留须根；栽时将根蘸上泥浆，做到深坑浅埋，边覆土边摇动苗根，以利根系舒展；覆土后浇水不宜太多。

八、补栽

幼树发芽展叶后，应及时检查植株成活情况。对于死亡的苗木，应立即用预备苗进行补栽。如果苗干部分抽干，可剪截到正常部位，促其重新发枝。夏季发生死苗、缺株时，要在秋季及时补苗，补栽时最好采用同龄而树体接近的假植苗，带土移栽，以保证果园的整齐度。

第五章　青刺果田间管理

　　青刺果是多年生植物，长期固定生长在一处，管理不善的果园土壤紧实、通气不良、微生物活动能力低、土壤肥力差、果树生长差、果仁质量差。因此，种苗移栽后的田间管理是保证优质适产的重要环节，管理的好坏直接影响果园经济收入的高低。苗木栽植后，受到气候、土壤、施肥等多种因素的影响，不可能自然地达到个体健壮、群体协调和生育动态合理的状态，需要借助持续的田间管理来对种苗生长加以促进或控制，这样青刺果的生长才会朝着人们要求的方向发展。青刺果园的田间管理主要包括土壤管理、施肥管理、水分管理、整形修剪及病虫害防治等，力争通过科学合理的田间管理，提高青刺果的田间整齐度。

第一节　土壤管理

　　青刺果的根系终生生长在土壤里，吸收水分和各种营养物质，供给果树的生长和结果。因此，土壤是青刺果树赖以生存和生长的最直接、最基本的条件之一，是树体水分和养分的源泉。良好的土壤状况，即土层深厚、土质松软、通气良好、含有丰富的有机质和各种营养物质，才有利于青刺果树的生长和结果，实现树体健壮生长和发育以及稳产高产。

　　青刺果园土壤管理的目的在于通过各种生产活动来协调改善土壤性状，提高土壤肥力，从而保证树体健壮生长和发育，并以此来实现质优和高产。因此，土壤管理是青刺果树生长发育必不可少的技术措施，对青刺果生长和结果有着深远的影响。

　　土壤管理主要包括土壤深翻与改良、土壤耕作、扩穴培土、除草、果园覆盖、间作等工作。

一、土壤深翻与改良

土壤深翻是青刺果园管理中一项最基本的基础工作，大量的生产经验证明，深翻能有效地改变园地生产条件，促进树体生长，实现早产、高产和稳产。

（一）园地深翻的好处

1. 改善了土壤通气条件

经过深翻的园地土壤孔隙度增加，通气状况得到改善，使土壤中好气微生物的繁衍加快，特别是硝化细菌、磷细菌、钾细菌和分解纤维素的菌类活动加快，促进了土壤养分的分解与释放，使土壤养分的有效性得到提高。

2. 加深了园地熟土层

通过深翻，将地表肥沃的熟土层与地面枯枝、落叶、杂草以及补充的有机肥一并翻压到深层，使根系密生区的土壤肥力得到提高；而心土层的土体被翻倒到地面，在风、雨、雪、光等自然因素的综合作用下，加速了风化、分解过程，并尽快转变成表层熟土，这样，从单位面积来讲，增加了活土层的厚度与体积，增加了土壤供肥的体积。

3. 改变了土壤的热容量

通过深翻，提高了土壤温度，为根系的生长创造了良好的条件，加快了根的生长，提高了根的吸收能力。

4. 增加了土壤有机质

通过深翻，改变、稳定了土壤的 pH 值，加速了土壤团粒结构的形成，增强了土壤的缓冲性和抵抗恶劣自然条件影响的能力，使土壤供肥的稳定性提高。由于结构的改良，使土壤的保水能力增强，减轻了干旱对树体生长的威胁。

通过深翻，改变了土壤的理化性状，实现了土壤肥力的提高。深翻后土壤的耕作层也加深了，给根系生长创造良好条件，促使根系向纵深伸展，横向分布扩大，整个根系既深又广，扩大了根系的吸收面积，也促进了地上部的发育，可使树体健壮生长、新梢生长量大、叶片肥厚浓绿，并且有利于花芽的形成和产量的提高。

（二）深翻的时期和意义

在一年中，青刺果园地的深翻，以秋季深翻为主，其他时间的深翻为辅。此时，青刺果采果已经结束，光照充足，温度适宜，枝条生长缓慢，光合产物回流积累，地下根系活动趋于活跃，深翻后正值根系秋季生长高峰，损伤的根系容易愈合，并能产生大量的吸收根，再结合灌水，可使土粒与根系迅速紧密接触，有利于根系从土壤中吸收大量营养，促进花芽分化，增加树体积累，增强青刺果树越冬的抗寒性。因此，秋季是园地深翻的较好时期。

深翻的目的在于改良土壤结构，提高土壤肥力，因此，秋季深翻应配合深施有机肥，才能达到预期的目的。

（三）深翻的方法

青刺果园深翻的方法与其他果园一样，应将生、熟土分开堆放，以便正确回填，最大限度地达到改土的目的。例如，在山、坡地深翻时，将熟土层堆放在上侧，心土层堆放在下侧，在回填时，将熟土与有机肥、磷肥混合填入沟（坑）底，用生土做反坡梯田的外埂或鱼鳞坑的边梗。在平地深翻时，将熟土回填后用心土筑成畦梁或边埂。

（四）深翻的深度

深翻的深度要根据青刺果树的根系分布，以不伤大根为原则，一般较青刺果主要根系分布层稍深为度，在不同土壤类型条件下灵活运用。具体操作时，幼树果园可以深一些，成龄果园根系密接后要浅一些（浅翻深度为 20～30 cm），行间宜深，树干附近宜浅，树干外围宜深；沙壤土土层深度宜浅，粘土宜深；山地、沙荒地、滩地、有砾石层、粘土夹层或淤土沉积，可结合土壤熟化、掏石换土或客土压沙改良土壤结构，宜深翻。一般可掌握在 80 cm 左右，不能一次翻得太深，以防止将大量生土翻到地上。深翻的同时结合增施有机肥，提高土壤肥力。

（五）深翻的方式

园地深翻是一项耗工很大的土壤管理基础工程，在具体应用时应根据园地土质、树龄、园相、劳动力、有机肥准备情况以及经济状况等综合考虑，选择省工、省力的最佳方式。深翻的方式较多，经常使用的有挖穴深翻、隔行深翻和全园深翻等。深翻过程中应去石掏砂、换填好土或打破淤泥土的硬土层，以利通气透水。

1. 挖穴深翻

挖穴深翻又叫放树窝子，即幼树栽后第二年秋季开始，结合施基肥每年在树冠外缘投影下，开条状或环状沟，沟深 50～80 cm，宽 30 cm，拣去砂石，将禾秆、绿肥填入沟底，再将表层活土和土肥混合填入，心土填在最上部，盖在沟上。如此每年一次，直到随树冠扩大而将园土翻遍为止。这种方法用工量少，适合于面积大、有机肥来源不足、劳动力较少的果园。但该方法每年都要破土、动根，对根系有一定的损伤，一般在定植后 2～3 年内完成。

2. 隔行深翻

隔行深翻即隔一行深翻一行，适合于平地、滩地、密植幼园的土壤改良和梯田面较宽的山坡地深翻改土，便于机械化操作。在树冠垂直投影处一侧挖沟，同法来年再翻另一行，每次深翻只损伤树木一侧的根系，对根系损伤小，对树木的生长发育影响较小，但工作量大，费工费时。山坡地隔行深翻应与修建梯田和施肥相结合。

3. 全园深翻

全园深翻是指除栽植穴以外，将园地土壤一次性深翻完毕，树干附近宜浅，树冠外围宜深。这种方法一次性动土量大，需劳动力多、肥源充足，管理成本较高，一般很少采用。在采用全园撒施肥的园地，常采用全园深翻的方式，但深度一般仅限于耕层。

青刺果园地深翻，原则上宜在生长结果期以前完成，采用多种方式，灵活运用。深翻时应注意根据土壤质地，尽量保护大根不受伤害。如果发现病根，需剪除并消毒。深翻常与施有机肥结合进行。深翻后还须根据墒情进行灌水，促进有机质腐烂和根土结合，及时发挥肥效，促进生长和结果。

二、土壤耕作

就青刺果的生产而言，除深翻改良外，还需年年进行耕作管理。耕作方式不同，对树体的生长发育影响也不一样，常用的有清耕法和生草法两种。

（一）清耕法

清耕法也叫休闲法，即园内不种任何间作物，经常进行中耕除草，保持土壤疏松。清耕法应用比较普遍，一般在秋施基肥之后，在生长季节内多次中耕除草，土壤通气性好，保水保肥作用强。但长期采用清耕法的土壤，常因有机质氧化分解迅速而使土壤结构遭到破坏，造成板结，在雨季易出现地表径流，侵蚀土壤，并常因此而引起树体缺素症的发生，影响树体的正常生长与结果。

（二）生草法

生草法是指青刺果园地不翻耕，除树盘内进行中耕除草外，保留自然生草或人工种植牧草、豆科作物、禾本科植物等的土壤管理方法。在地形复杂、不便耕作、缺乏有机质、水土易流失的园地，生草法是较好的土壤管理方法。生产中，生草法常与种植绿肥连在一起，如三叶草、黑麦草、紫花苜蓿、黄豆、野燕麦等，效果很好。

1. 生草的优点

（1）生草的园地不需进行耕锄，管理省工高效。

（2）园地生草可减少土壤冲刷，残留在土壤中的草根、树叶等有机物可增加土壤有机质的含量，使土壤保持良好的团粒结构。

（3）园地生草缓和了土壤表层温度的季节变化与昼夜变化，有利于青刺果根系的生长和吸收活动。

（4）园地生草有利于保持园地水、土、肥不流失，尤其是山地果园，效果更加突出。

（5）园地生草后具有良好的生态条件，害虫天敌的种群多、数量大，可增强天敌控制病虫害发生的能力，减少人工控制病虫害的劳力和物力投入，减少农药对果园环境的污染。

2. 生草的缺点

园地长期生草，会影响土壤的通气状况，容易使土壤板结，加剧草与青刺果树争肥、争水的矛盾，导致树木的根系上浮。

因此，生草法适于在水肥条件较好的园地采用，在干旱少雨的坡地、滩地不宜全面推广。

为了利用清耕法和生草法的优点而克服其缺点，在生产上可综合灵活应用。较平坦园地用清耕法，采果前清除树冠下杂草，采果后中耕松土，基本保持无杂草状态。坡地宜用生草法，秋季翻土时清除杂灌木和多年生草本植物，对自然生长的一年生草本植物，仅在采果前割去树冠下草以便采收。或者在青刺果生长的前期（萌芽、开花、坐果以及需肥量最多的时期）采用清耕法，在秋季雨水较多时采用生草法，待草长成后，可翻压作为绿肥。这样前期清耕、疏松、熟化的土壤，能将养分和水分集中供给树体生长发育；后期生草可吸收利用土壤中过多的水分和营养，减少树体徒长，促进果实成熟，提高青刺果种子的品质。

三、扩穴培土

培土又叫压土，是砂石滩地、山地等土层很薄的地方种植园土壤改良的一项措施。培土可以增厚土层，改良土壤结构，提高土壤肥力，促进根系生长，加深根系分布层，增强根的抗逆性和吸收能力，促使开好花结好果。青刺果园的扩穴培土是在定植后第二年起，每年 6～7 月，结合施肥向外扩穴至树冠边缘。成年园则是隔年或每年在采果后或雨季结束后培上新土，并用作物秸秆覆盖土壤，有明显的保湿效果。培土种类依园内土壤种类而定，沙滩地需压黄土或黏土，山坡地压草皮效果很好。培土后需进行果园翻耕和灌溉，促使土壤混合均匀，以利生长和结果。

四、除草

青刺果园的除草方式主要有中耕除草和化学除草两种。

（一）中耕除草

中耕除草是各园地使用最普遍的除草方法，即通过常耕耘来保持果园地面无杂草和土壤表层疏松的土壤管理方法。该方法多用于树龄较大的园地。

中耕除草是在生长期内进行的土壤操作，既可切断土壤毛细管，减少水分蒸发，防止土壤返碱，又可改良土壤通气状况，促使土壤内微生物活动和有机质分解，提高土壤肥力，还可减少病虫害的发生。通过中耕除去杂草，可以减少水分营养的消耗。雨后中耕松土，可防止土壤板结，增强土壤蓄水保肥能力。

青刺果园一年中的中耕除草次数，应根据当地气候和立地条件而定，一般为 2~3 次，第 1~2 次可在 6~7 月进行，第 3 次可在 8 月中旬至 9 月上旬进行（特别是春旱、雨水和灌水后都需要及时进行中耕松土）。中耕深度一般为 5~10 cm。把清除的杂草集中覆盖到树盘上，可起到遮阳保墒、降低土壤温度的作用，秋翻时可翻入土内作肥料。

无公害优质栽培提倡行间种草（绿肥），利用绿肥覆盖地面抑制杂草生长，达到改善田间湿度、降低强光辐射、减轻日灼的效果。绿肥花期刈割翻埋于土壤或覆盖于树盘，改良土壤结构，提高土壤肥力，为优果生产创造良好条件。

对于宿根性杂草，如白茅、莎草等，要深刨拣净草根，有条件时也可用除草剂消灭草害。

（二）化学除草

化学除草是指用化学合成的药剂来防除杂草的手段。用除草剂清除杂草具有简便易行、成本低、速度快、效果好等优点，很受欢迎。使用除草剂一般无不良后果，但长期大量使用，会减少土壤中有益微生物的种类和数量，同时易使杂草产生抗性，应引起注意。

从除草特点上来看，除草剂主要有选择性和非选择性两大类。从作用方式上来看，有触杀型和内吸型两类。果园使用除草剂，是利用除草剂的选择性使果树免受其害。对非选择性除草剂，则是利用杂草和果树根系分布深度不同、物候期不同等特点，避免果树受害。

在青刺果园使用除草剂杀灭杂草时，要根据园地的具体情况（如树龄、有无间作物、主要杂草种类、使用时期等），选用适当的品种与浓度。就现状来讲，使用除草剂主要是消灭一些顽固性的多年生杂草，其次是生命力强的季节性杂草。使用非选择性除草剂，主要是通过位差选择，若不慎喷洒或飘移到树叶上，就会形成药害，因此，使用时应选择晴朗无风的天气，盛果期要严格掌握高度，幼龄园应留足间距。在品种选择上，目前以非选择性的草甘膦为主，其次是克无踪等。

喷洒除草剂后杂草死亡的快慢，除与除草剂的种类、使用浓度有关，还与杂草的生育期以及土壤、气候等条件有关。因此，使用除草剂时，应认真了解除草剂的效能、使用范围和方法，并根据园内主要杂草对除草剂的敏感程度和忍耐性来选择除草剂的种类和使用浓度，必要时也可加入增效剂，以提高药效。在大面积使用之前，尽可能先进行小面积试验。对地头、埂边、渠边杂草密生繁茂的地方，应加大浓度，必要时也可两种混用，以增加除草效果。

五、果园覆盖

果园覆盖，特别是树盘覆盖，可以防止土壤水分蒸发，防旱保湿，缩小土壤温度变幅，有利于根系生长，还可减少地面径流，防止水土流失。覆盖物腐烂后，还能增加土壤中有机质含量，从而提高土壤肥力。

覆盖材料很多，如厩肥、马粪、落叶、秸秆、杂草及种植覆盖绿肥作物等。近年来，地膜覆盖果园土壤已得到应用，具有明显的增温保墒、增强光照、抑制杂草、改变土壤理化性质的作用。

覆盖时期和材料与覆盖目的有关。为了防寒，在冬季或早春覆盖地膜；为了防旱，在旱季来临前覆盖碎草或地膜加草；为了防止土壤返碱，在春季气温升高、蒸发量大增时覆盖地膜加碎草。当覆盖目的达到后，应及时撤除（地膜等）或翻压（绿肥作物等），以防鼠类及地下虫害等滋生，伤及根系生长。幼树树盘应适时中耕松土除草，进行常年覆盖。

（一）绿肥覆盖

在青刺果生长前期，应对树盘土壤进行清耕，保持土壤疏松透气无杂草，且有一定湿度。在树行间及时播种当地适生的绿肥作物，优果膨大期留高茬，刈割覆盖到树盘内，降温保墒，晚秋时节作有机肥翻入土中。

（二）蒿草、秸秆覆盖

在青刺果生长季节，为了减少果园土壤水分蒸发和雨水冲刷引起水分、养分的流失，增加土壤肥力，改良土壤结构，可在春夏期间，用碎草（麦草、玉米秆等）或坡地割下的野草覆盖到树盘内。覆草厚度为 10~20 cm，并在草上散压碎土，以防风吹走或起火。

（三）地膜覆盖

用地膜覆盖树盘，具有提高地温，保持土壤湿度，降低土壤容重，增强果园光照（反光），提高产量、质量等优点。对无灌溉条件的旱地、山坡地或土质极差的砂滩地种植园，采用覆盖地膜新技术，是获得早产、高产、优质、高效益的主要措施。覆盖地膜的方法：先将树盘修成外高内低的浅漏斗形，或按树行修成外侧略高的浅槽形，然后将幅宽 2~2.5 m、不同颜色、不同厚度的地膜，以树干为中心，在两侧各铺一块地膜，两膜相接处稍加嵌合，将树盘全部覆盖。为了便于雨水下渗和施液肥，可以树干为中心，将地膜放射状割5~7道切缝。为了使地膜不被风吹起，应将四边及嵌合处用土压实。

青刺果在旱季特别是花果期要做好抗旱覆盖，在缺少农作物秸秆的地方，可用杂草、树叶等进行覆盖，可全园覆盖，也可树盘覆盖，半月左右人工浇水1次。

六、间作

在园地行间或空隙地种植适宜的作物，增加果园前期经济收入，是我国幼树果园普遍采用的一种土壤管理方式。幼树栽植后，幼树根系分布较浅，树冠较小，园内空地多，可间作利用。间作可改善果园微区气候，既有利于幼树生长，又能提高土地利用率，增加经济收入。同时，间作物覆盖地面抑制了杂草生长，防止水土流失，缓和地温急剧变化，合理适当的间作还能培养地力，促进青刺果树生长。

（一）间作的原则

在不影响青刺果树生长发育的前提下，幼树果园可种植间作物。选择间作物的原则：必须同时有利于青刺果树和间作物，尤其不能影响青刺果的生长和发育，否则间作物会与青刺果争夺水分、养分和光照，给青刺果生产带来很大危害。种植间作物后，应加强树盘的肥水管理，及时施肥灌水。间作物要与青刺果树保持一定距离，应避免其根系与青刺果根系交叉，争肥争水，影响青刺果的正常生长发育。

（二）间作物的选择与模式

青刺果大量结果前1~5年间，利用株、行空间合理间作，可以起到以短养长、以园养园的作用。但间作物选择不当、方法欠妥时，会影响青刺果树体生长和开花结果。因此，青刺果的间作物应选择植株矮小、生育期短、适应性强、与青刺果需水临界期错开、与青刺果没有共同病虫害、比较耐阴、耗水量少、收获早的作物种类。

青刺果园的间作模式有青刺果—粮食作物间作、青刺果—经济作物间作、青刺果—药材间作、青刺果—花卉间作、青刺果—树苗间作等。不管哪种模式的间作，所选择的作物均以矮秆为好。

在间作物的选择上，应严格按建园设计要求，分清主次，在不影响树体正常生长的前提下，春播时可选择花生、绿肥、绿豆、黄豆等，也可选择一些个体较小的浅根性中药材，如白术、半夏等；夏播时可选绿肥、豆科作物、荞麦等；秋播时可选用绿肥、蔬菜等。

1. 豆科作物

豆科作物自身大部分都有根瘤菌，能从空气中吸收游离氮素，起到固氮、改良土壤的作用，是果园间作的首选作物。其主要品种有黄豆、黑豆、绿豆等。

2. 瓜类作物

瓜类作物经济价值较高，通过间作套种每亩收入可达 1500 元左右，但瓜类作物吸肥大，枝蔓生产量大，间作时应施足底肥，加强枝蔓管理。其主要品种有南瓜、甜瓜等。

3. 绿肥

套种绿肥可解决肥源，农谚说："绿肥种三年，瘦地变肥田。"因此，为了提高土地利用率，培肥地力，鼓励农户在有条件的成龄青刺果基地内间种绿肥，可多种苕子、苜蓿、三叶草等作物。通过间种绿肥，并将大量绿肥作物翻入土中，可增加土壤有机质含量，改善土壤结构，加速土壤熟化，提高土壤肥力。

通过对间作物的施肥、灌水和土壤耕作，可改善土壤通透性，提高肥力和含水量，有利于提高青刺果产量。

(三) 间作"五忌"

1. 忌间种深根农作物

深根农作物会大量吸收园地土壤深层中的水、肥，影响青刺果树正常生长，延迟结果期。

2. 忌间种招引青刺果树害虫的农作物

容易招来金龟子、蚜虫的农作物不能间作，以避免危害青刺果树。

3. 忌间种高杆农作物

在青刺果定植初期，间种高山玉米、高粱等高杆农作物，会因高杆农作物生长迅速，遮光严重，出现"以高欺小"的现象，妨碍青刺果的正常生长。

4. 忌间种吸收水肥量大的农作物

小麦、荞麦、甘薯、马铃薯等农作物，吸收水肥量大，间种在果园中，对青刺果树生长极为不利。

5. 忌间种重茬农作物

间作物应该换茬轮作种植，培肥土壤，促进青刺果丰收。

(四) 间作要点

(1) 间作物与青刺果不能有共同病虫害，以防病虫害寄主范围扩大，不利于果园病虫害防治。

(2) 间作物不得与青刺果树争水、争肥、争光，间作物应选择植株矮小、与青刺果树共生期短、生产高峰与青刺果不同步的作物，以保证青刺果树对水分和养分的需求和果园通风透光。

（3）间作要为青刺果树留足营养带。新栽幼树的间作面积不宜超过果园面积的50%，间作物离树干至少1 m，同时留出充分的树盘营养面积。间作爬蔓植物时，要严格控制营养带范围，避免其在树盘内生长，影响青刺果树根系发育。随着树龄增大，树冠扩大，要逐渐缩小间作面积，树冠开始交接前，终止间作。

（4）坚持以果为主的原则。果园间作后，应按照青刺果树和间作物各自的栽培要求，加强肥水管理，但要始终坚持以果为主。当间作物与青刺果树发生矛盾时，应对间作物采取控制措施，为青刺果正常生长创造有利条件。

第二节　施肥管理

施肥是青刺果园综合管理中的重要环节，通过施肥才能使青刺果树在健康的、具有丰富营养的土壤体系中生长。施肥的目的是培育土壤，从而形成健康的土壤微生态，再通过土壤微生物的作用供给青刺果树养分，改善土壤的物理、化学、生物特征，使"根系—微生物—土壤"三者的关系协调化。青刺果树一生不断从土壤中摄取的矿质元素除氮、磷、钾三种主要元素外，还有硼、锌、铜、铁、钼、硫、钙、镁等生长发育不可缺少的微量元素。这些营养元素主要来自三个方面：一是土壤的矿质分解，即土壤本身所含有的；二是动、植物残体经土壤微生物分解后释放的；三是人为施入的各类肥料。这三者中，土壤是主体，施肥仅是对土壤的补充和不足时的弥补。

一、主要营养元素在树体中的生理作用

（一）氮（N）

氮素的主要作用是加强营养生长，提高光合作用，促进氮的同化和蛋白质的形成。氮素不足时生长衰弱，叶小而薄，色浅，落花落果严重，果实小。严重缺氮时生长可能停止，叶片早落。氮素过多时枝叶旺盛生长，花芽分化不良，果实成熟晚，品质差，色不艳，不耐贮藏，枝干不充实，冬季易受冻害。

（二）磷（P）

磷是形成细胞核和原生质的主要成分，具有促使组织成熟、提高树体抗寒抗旱能力的作用，可促使树木产生新根，有利于花芽形成和提高籽粒品质。磷素缺乏时，新梢和细根发育受阻，叶、花芽分化不良，籽粒中含糖量降低，抗寒、抗旱性能减弱。

（三）钾（K）

钾的主要作用有促使养分转运、果实膨大、糖类物质转化、组织成熟、加速生长和提高抗逆性能等。缺钾时籽粒变小，质量降低，落叶延迟，抗性减弱。严重缺钾时老龄叶片边缘上卷，出现枯斑。

（四）钙（Ca）

钙对植物碳水化合物和含氮物质代谢作用有一定影响。钙参与细胞壁的组成，能保证细胞正常分裂，使原生质黏性增大，抵抗病虫害的能力增加。钙能中和植物新陈代谢过程中产生的草酸及铵、氢、铝、镁等离子的毒害作用。钙缺乏时果实易衰老，降低贮藏性，新根粗短弯曲易枯死，叶面积减少。严重缺钙时，引起枝条枯死，花果萎缩。

（五）硼（B）

硼在树体内的作用是多方面的，它与细胞分裂、细胞内果酸的形成以及糖类物质的转运有关。硼对开花、坐果有良好的促进作用，能提高结实率和坐果率。硼还具有促进根系发育、增强抗病能力的作用。缺硼时根、茎生长点枯萎，叶片变色或畸形，叶柄、叶脉质脆易断，根系生长变弱，花芽分化不良。硼对生殖器官的发育有重要作用，在开花时缺硼，花芽自行脱落，造成花而不实。硼过多时，易出现毒害现象。

（六）锌（Zn）

锌是青刺果生命活动中不可缺少的营养元素。锌与叶绿素和生长素（吲哚乙酸）的形成有关，缺锌时，直接影响生长素的形成，锌在生长旺盛的新梢、幼叶部位含量较多。缺锌时新梢细弱，节间缩短，叶小而密，叶片失绿变黄。

二、肥料种类

青刺果园常用肥料可分为有机肥料和无机肥料两大类，应以施有机肥料为主。

（一）有机肥料

有机肥料又称基肥，包括各种堆肥、圈肥、人粪尿、禽肥、饼肥、枯枝落叶、草皮、城市垃圾和绿肥等。有机肥料属完全肥料，营养元素比较全面，不仅含有植物生长所需的各种营养元素，而且含有丰富的有机质，能较长时间稳定地供给树体生长发育对养分的需求，并能有效地改良土壤。在青刺果园，有机肥料多做基肥，在秋季结合土壤深翻一并进行。

有机肥料虽有以上优点，但其养分含量低，肥效缓慢，不能满足树体不同发育阶段对某种养分的强烈需求。因此，在施肥上应以有机肥料为基础，与无机肥料配合使用。

（二）无机肥料

无机肥料多指用化学方法合成或经简单加工而成的肥料，又称矿质肥料或速效肥，包括各种化肥、矿粉、草木灰等。按其所含的营养元素可分为以下几种：

（1）氮肥：尿素、碳酸氢铵、硫酸铵、氯化铵、硝酸铵、液氨、氨水等。

（2）磷肥：普通过磷酸钙、重过磷酸钙、钙镁磷肥、磷矿粉等。

（3）钾肥：硫酸钾、氯化钾、碳酸钾（草木灰）。

（4）复合肥：氮磷复合肥（磷酸二胺），氮、磷、钾三元复合肥，磷钾复合肥（磷酸二氢钾），硝酸钾等。

（5）微肥：硼砂、硼酸、硫酸锌、硫酸钾、硫酸铜、硫酸钙、硫酸锰、硫酸亚铁、碳酸钙、钼酸铵等。

无机肥料具有以下优点：①养分含量高，肥效发挥快，肥效高，可在短期内迅速供给作物，易被作物吸收；②用量少，省工，便于贮存。它的缺点是肥效持续时间短，养分单纯，不能满足树体对多种营养元素的需求，易因淋溶、挥发或被土壤固定而损失，不慎过量使用后易造成肥害，如果长期、单独大量使用化学肥料，会使土壤有机质下降，土壤溶液中盐分提高，团粒结构被破坏，出现土壤板结等现象。无机肥料多作追肥，在生长季施用。

（三）肥料的合理使用

生产中常将有机肥料和无机肥料配合使用，可以肥效互补，充分发挥各自的特效。

（1）有机肥料能改善土壤理化性质，增加土壤微生物数量，稳定、调节土壤pH值，增强土壤缓性，促进团粒结构的形成，从而增强保水、保肥能力，为根系生长创造良好的土壤环境，也为化肥肥效的有效发挥提供良好的条件。

（2）可以减少矿质元素的流失。二者配合使用，可使土壤营养齐全，长效与速效兼备，能满足青刺果树不同生长发育期对养分的需求。

（3）无机肥料能加速有机肥料的分解、转化及养分的释放，从而提高肥料的利用率。

（4）能减少对水溶性磷的固定，并可使已被固定的磷重新释放出来，供树体吸收利用。

在深翻改土、秋施基肥时将过磷酸钙与圈肥、厩肥或饼肥混合，能保持和提高磷肥的有效性；可将作物秸秆与碳酸氢铵混合后施入地下；生长季内将碳酸氢铵与绿肥、青绿秆混合翻压后，可加速有机物的腐烂和分解，并能增加土壤氮素水平。

三、施肥时间

青刺果在生长周期中有几个重要的施肥时期，如萌芽前后、开花前后、果实膨大期、采收后等，根据品种、树势、树龄、根系生长动态、土壤状况和肥料性状的不同而有所不同。

（一）基肥

常用基肥主要是各种有机质肥和过磷酸钙、骨粉等迟效性肥。基肥多在青刺果树停止生长或进入休眠期时施用，即每年11月至开花前（次年2月），结合土壤翻耕或扩大树盘，将肥料埋入土壤中。

（二）追肥

追肥又叫补肥，是在生长期根据各物候的需肥特点以及树势强弱、结果多少、果园气候、土壤条件等及时追施速效性化肥，调节生长和结果之间的关系。化学肥料在青刺果生长期间施用，可直接被植株吸收利用。氮磷钾复合肥在开花前、开花后及幼果快速生长期、采果后施入，效果较好。青刺果树追肥常有以下三个时期：

（1）促花肥。上一年11月至次年1月左右，施肥量占全年的25％左右，对促进花穗发育、提高坐果率、促进次年结果母枝生长、避免大小年现象都有一定效果。

（2）壮果肥。盛花末期至幼果长成时施下，施肥量占全年比例的50％左右。这一时期果子迅速膨大，肥分需求量大，适时施肥可减少长果与抽梢间的矛盾。施用时间为当年2~4月。

（3）果后壮梢肥。这次施肥在采果后结合修剪进行，施肥量占全年比例的25％左右。施肥时间为6~7月，此次施肥有利于青刺果植株恢复树势，为来年挂果做好充分准备。

四、施肥量

正确的施肥量应根据叶和土壤分析结果，按照树体生长结果需肥量、土壤供给量和肥料利用率三者来计算。但目前生产中常按产量估计施肥法确定施肥量。

成年青刺果树进入盛果期，如果施肥不当或缺肥，破坏了营养成分的平衡关系，则会使青刺果树产量下降，提前衰老。成年青刺果树施氮、磷、钾肥的比例为2：1：1。幼树每年施有机基肥1次，10~15 kg/株，追施无机肥2~3次，每株每次100~200 g；成龄树盛果期，每年施有机基肥1次，20~30 kg/株，追施无机肥2~3次，每株每次400~500 g。

五、施肥方法

施肥方法有土壤施肥和根外追肥两种形式，施肥的效果与施肥的方法有密切的关系，应以土壤施肥为主，根外施肥常作为辅助性施肥。

（一）土壤施肥

土壤施肥，又称根系施肥，施肥的方法要与根系分布特点相适应。青刺果属灌木树种，根系较乔木树种为浅，施肥时应将肥料施于根系分布密集区偏深的地方，可诱导根向深层生长，一般深度为 30～80 cm。不同的肥料种类施肥的深度不同，有机肥料可深施，无机肥料则浅施。在施肥上具体应用时应区别对待，适度灵活，以能最大限度地达到目的为佳。常用的土壤施肥方法有以下几种。

1. 环状沟施肥

以树冠垂直投影为中线，向树冠内、外挖宽 40～50 cm，深 40～60 cm 的环状沟。为防止一次挖沟伤根太多，对树体生长和结果不利，也可每年只从树冠两侧挖半环状沟，下年再从树冠另外两侧挖沟。挖好沟后，将表层熟土与有机质基肥混合均匀填入沟内，沟上及树盘内覆上心土。如此逐年向外延伸，直至园内土壤全部被深耕施肥一次。青刺果初果幼树根系分布范围较小，施用基肥扩穴改土时宜多采用这种方法。此方法操作简便，并较经济；缺点是环状开沟对水平根损伤较大，施肥面积较小。

2. 放射沟施肥

一般盛果期树在生长季内追肥时常用此法。从树冠下距树体 1 m 左右的地方开始，以树干为中心向外呈放射状挖 4～8 条或更多的内浅外深的沟，沟宽 20～40 cm，深 30～60 cm。沟挖成后，将稀人粪尿或速效化肥（碳酸氢铵、尿素等）均匀撒入各沟内，然后覆土。由于开沟是顺着根系分布方向进行的，地点选择合适时伤根较少，而且可隔年或隔次更换施肥部位，扩大施肥面积，获得营养的根系多，促进根系吸收。但开沟时应避免伤及大根，影响树体生长。

3. 条沟施肥

在树冠垂直投影外缘处向树盘外顺着行间（或株间）挖两条宽 50～60 cm，深 40～60 cm，长度依树冠大小而定的施肥沟。挖时将表层熟土堆于树盘内，心土堆在沟的外缘，沟挖成后，将圈肥等有机质肥料和表层熟土混合填入沟内，再把心土覆于沟上及树盘内。来年施肥时应到另外两侧挖沟。如此逐年向外扩大，直至遍及全园。此方法多用于幼园深翻和宽行密植园的秋季施肥时采用。

4. 穴状施肥

在树冠垂直投影下，沿树周围用特制施肥锥均匀挖 10～20 个深约 20～30 cm

的穴状小坑，再将肥料施入穴内。该方法多在成龄园生长期追肥时采用。这种方法的优点是伤根少，可以深施，深层根系易得到养料，对生长和结果有良好的作用。

5. 全园撒施

青刺果园进入盛果期后，园内土壤中根系密布，全园撒施是秋施有机质肥料时常用的方法。先将肥料均匀撒在园内，然后用机械翻入土内，深度 20 cm。这种方法的好处是施肥面积大，树冠内外所有根系都可得到养分，但因先撒后翻，深层土壤肥料较少，下部根系获得的营养较少。常用这种方法会诱导根系上浮，降低抵抗不利环境的能力。同时，因肥料分撒全园，施肥量大而效果不如集中施用显著。因此，此方法不能连年使用，而应与深翻施肥相结合，交替使用。

（二）根外追肥

根外追肥也叫叶面喷肥。近代科学研究证明，植物除根系能够大量吸收营养物质外，茎、叶、花、果等地上部器官也可通过皮孔和气孔直接吸收一定量的营养物质。根外追肥正是利用植物的这一特性，在生长结果急需大量营养物质而依靠土壤施肥又不能及时满足时，把所需肥料配成低浓度水溶液，直接喷到枝、叶、花、果上供其利用的一种施肥方法。叶面喷肥简单易行，省工省肥，肥效迅速，可避免某些元素施入土壤后因生物、化学、物理等因素引起的固定，在土壤干旱的季节，可通过叶面喷肥补充养分。

叶面喷肥不能代替土壤施肥。据报道，叶面喷氮后，仅叶片中氮素量增加，其他器官的含量变化较小，这说明叶面喷氮在转移上还有一定的局限性。若连续使用叶面喷肥，不利于根系的发育。

根外追肥的时间多在生长季，叶面喷肥主要是通过叶片上的气孔和角质层进入叶片，而后运到树体的各个器官，一般喷后 15 min~2 h 即可被叶片吸收利用。喷肥时，要选择气候较为湿润的无风天气。如果天气晴朗，则以上午 10 时以前和下午 4 时以后进行较为有利。喷时雾点要小，对叶均匀喷布，喷到不滴水为止，喷后 12 h 内如遇大雨冲刷，雨后要进行补喷。使用时一定要掌握好使用浓度，切不可太高，以免造成肥害。

第三节　水分管理

青刺果整个生长发育过程中，要经历根系生长、抽梢、开花、果实壮大、花芽分化等生长发育过程，尤其是成龄果树，需要从土壤中汲取大量的水分和养分以供营养生长和生殖生长需要。因此，及时施肥、灌水，补充水分和养分才能缓解供需失衡。在土壤和肥力条件满足之后，能否高产就取决于水的供应水平，土壤中水分适宜时，对新枝生长、开花坐果、果实肥大和花芽分化都是有利的；水分不足或过多，均不利于生长和发育。在果园管理中，土壤、肥料、水分三者必须密切配合，才能充分发挥肥效。深耕施肥后结合灌水，才能促使有机质大量分解，使树体获得必要的养分。灌溉应与中耕、培土、覆盖等措施结合起来，才有利于减少水分蒸发，满足根系对水的需要。

一、灌水时期

灌溉是人为补充水分的重要措施，对青刺果的丰产影响很大，越来越受到人们的重视。灌水时期一般按照青刺果树生长发育各阶段的需水特点，参照土壤含水量、天气情况以及树体生长状态综合确定。

青刺果虽然是抗旱性较强的树种，但干旱严重会直接影响其开花结果和果实发育。因此，要分别在开花前、开花后、果实生长发育期，即 12 月、3 月中下旬～4 月、7 月进行灌水，并配合青刺果的需水特点，适当调节灌溉次数，尽可能充分满足树体对水分的需求。各个时期的灌水都有重要作用，不可忽略或偏废。

（一）开花前灌水

开花前灌水即萌芽水。灌溉萌芽水可促使萌芽整齐，有利于显蕾、开花和新梢生长，能够增加总叶面积，提高光合效率，促进正常花发育和提高结实率。萌芽水不宜灌得太晚，以防由于水分过多引起枝叶徒长，加重落蕾、落花和落果现象的发生。青刺果 1 月上旬初花，因此在开花前一个月（12 月）要依据土壤墒情及时灌水 1～2 次。

（二）开花后灌水

盛花期过后幼果开始发育，果实进入迅速膨大阶段，及时灌水可以满足幼果膨大对水的要求，能够减少落花落果，促进果实肥大，达到提高产量的目的。青刺果 1 月上旬初花，2 月上旬盛花，3 月上下旬终花，因此在开花一个月以后（3 月中下旬～4 月）要依据土壤墒情及时灌水 2～3 次。

（三）采果后灌水

青刺果的采果期为 4～6 月。采果后，即 6～7 月，可根据天气情况，结合深耕施果后壮梢肥充分灌水 3～5 次，可促使施用的有机质肥料腐烂分解，提高矿物质分解作用，有利于根系吸收和树体营养积累，对花芽分化质量，特别是正常花分化率和来年春季生长有良好的促进作用。此时期正值高温干旱，骄阳似火，树体蒸腾量大，适时灌水可及时补充水分消耗，还能提高叶片光合效率，有利于调节园内小气候。但要注意土壤过干时不宜大水深灌。

二、灌水方法

常用的灌水方法有很多，大体可分为地面灌水法、喷灌和滴灌三种。在保证水源的情况下，可本着方便、实用、省水的原则，依据经济能力，因地制宜，选用适宜的灌水方法。

（一）地面灌水法

这是目前采用较多的灌水方法，它简便易行，投资少，但耗水量大，易使土壤板结，属低水平灌溉。具体可分为行灌、沟灌、盘灌、环状沟灌和穴灌等。

1. 行灌

先在树行两侧修好土埂，将全行作为一个灌水面，行较长时，可每隔几棵树打一横隔，从下到上，灌完一隔后再接着灌下一隔，直到通行灌透为止，待水下渗土壤泛黄后及时松土保墒。行灌需水量较大，适宜于水源充足、地势平坦的果园。

2. 沟灌

在树冠两侧，吸收根分布集中区开挖深约 40 cm 的浅沟，顺沟灌水，使其浸润根系周围土壤，待水渗完后及时封土保墒。沟灌适宜于地势平坦、水源不足的地区。

3. 盘灌

盘灌即树盘灌溉。以树干为中心，在树冠投影内修成圆形树盘，内低外高，以土围埂边，将水引入或浇入盘内。盘灌适宜于干旱少雨、水源不足的山坡地。由于水源缺乏，取之不易，成本很大，因此水渗下后应及时松土或覆盖树盘保墒。这种方法较省水，但也有易使土壤板结的缺点。

4. 环状沟灌

在树冠投影处修一条环状沟进行灌水。这种方法的适宜范围与盘灌相同，但较盘灌省水，对土壤结构影响小，浸润程度高，对缺水的山坡地果园尤为适用，但应注意灌水后及时封沟保墒。这种方法的优点是对土壤结构破坏少，湿润程度均匀，主要用于根系分布较少的初果树。

5. 穴灌

在树冠投影下挖穴，穴的多少依树冠大小而定，一般每平方米挖 1～2 个穴为好，穴直径为 30～40 cm，深约为 50 cm，挖时切忌伤及大根，挖好后将水浇入穴中，待水渗下后覆土耙平，以防干裂跑墒。穴灌法用水经济，对于水源缺乏又无灌溉设施的山地果园，采用此法最好。

（二）喷灌

喷灌是一种新的灌水方法，起源于 20 世纪 30 年代，50 年代发展很快。它设有压力供水泵站，有固定式和移动式两种喷灌设备。主要借助于机械动力和高压喷头的作用，通过一定压力，将水喷射到空中，形成均匀细小如雨的水珠进行灌溉。

喷灌具有省水、省工、保肥、适宜于各种地形等特点，较地面灌溉可节约用水40%～60%，氮、磷、钾肥料利用率分别提高95%、45%和80%，便于适时、适量供水，并可调节果园小气候，减少霜冻、高温和干热风对青刺果的危害，具有喷肥功能，还可减少渠道用地。

喷灌依其设备不同，分为大型喷灌和微型喷灌。前者一次性投资大，要有较固定的专门设备，这些设备长期留在园内，不宜看管，故应用不多；后者设备相对简单，水喷出后在树冠下，适宜于中、小型果园采用，目前各地都在引进试用。

（三）滴灌

滴灌又叫滴水灌溉，是利用一套低压管道系统（通常为塑料管道和特质的毛管滴头）将具有一定压力的水或者溶于水中的肥料或药液一滴一滴、均匀而又缓慢地滴入植物根系分布范围，使土壤保持最适于植株生长的湿润状态，并维持土壤的良好通气状态的一种先进灌溉技术。滴灌系统由水源、首部控制枢纽、输水管道和滴头组成。每一个滴水孔就是一个点水源，这些点水源以 $0.1～1.0$ m 的间距均匀分布在供水毛管上，在土壤中形成一个近似圆盘形的湿润区，供植株根系吸收水分。这种方法不会产生地面水层和地面径流，不破坏土壤结构，可经常保持土壤湿润，通气良好，土壤不会板结，还可结合施肥为果树创造良好的土壤条件。滴灌只对部分根域供水，比喷灌更加节约用水、节省劳力，适用于各种地形和土质的园地。但滴灌需要的管材多，投资费用较大，管道与滴头容易堵塞，要求有良好的过滤设备。

（四）其他灌水方法

对无水源条件的山、坡地等旱地种植园，为了满足青刺果生长和结果对水的要求，就要充分利用自然降水。即结合秋季深耕、整修梯田、修鱼鳞坑等水土保持工作，以积蓄自然降水、减少地面径流。在深施有机肥料、改良土壤结构、提高蓄水能力的同时，要注意雨后中耕除草松土保墒和用地膜、蒿杆、麦草、绿肥等覆盖树盘或地面。

三、灌水量

灌水量受多种因素的影响，如树冠的大小、土质、土壤湿度和灌水方法等，掌握好适宜的灌水量，对青刺果树根系生长和树体生长均有利。其标准是浇透水，以浸湿土层 $0.8～1$ m 厚为宜，使水分到达主要根群分布层，过深时浪费水、电、劳力，还会造成营养下流渗失；过浅时不能满足生长、结果等生理活动对水的需要。

四、排水防涝

排水主要是解决土壤中水分与空气间的失衡，是防涝保树的主要措施。在雨量过大、灌水过多、地下水位过高易发生雨涝和无水土保持措施的山地青刺果园，要因地制宜地安排防涝防洪措施，尽量减少雨涝造成的损失。平地种植园，可根据地势在园的四周和园内开挖排水沟，把多余的水排出。在降雨量大、易发生积水的果园，可利用高畦法栽植，畦高于路，畦间开深沟，天旱时畦的两侧高、中部低，便于灌水；雨涝时畦的中间高、两侧低，便于排水。山地园首先要做好水土保持工作，园地上部修拦水堤，防止洪水下泄造成冲刷。在梯田的内侧修排水沟迂回排水，减低流速以保持水土，雨季将多余的水引至蓄水池或小、中型水库中积蓄。对于地下有不透水层而引起积水的果园，要结合深翻改土打通不透水层，使水下渗。

第四节　整形修剪

整形修剪就是常说的"剪枝"和"整枝"，是实现、造就和维持一定树形的整个工作过程，是青刺果栽培中的一项重要技术措施。整形是根据青刺果树的生长结果习性、生长发育规律、土壤立地条件和栽培管理特点，通过修剪枝条，把幼年果树造成一定的树冠形式，使树体骨架牢固，枝条分布均匀，占有最大的结果空间，为连年高产、稳产、长寿和田间管理奠定基础。修剪是在整形的基础上，根据果树的不同年龄时期的生长发育特点，运用短截和疏枝的方法，人为地除去或适当处理不必要的枝条，继续培育和维持丰产树形，调节生产和结果之间的关系，改善树冠内的风、光条件，以保证果树生长健壮，适龄结果和稳产、高产。可见，整形和修剪是两个不同的概念，但二者是互相关联的操作技术。整形必须通过修剪来完成，修剪要以整形为基础。只是在不同年龄时期运用有所侧重，一般整形仅在幼树阶段进行，而修剪则可用于青刺果树的一生。整形和修剪都是通过剪枝及类似技术而实现的，在这项作业中，既要造成良好的树形，又要培养健壮、稳定的枝组，切不可顾此失彼。

虽然整形修剪是青刺果树管理中的一项重要技术措施，但只有在其他综合管理措施的恰当配合的前提下，才能显示出整形修剪的作用。忽视土、肥、水管理和病虫害防治等措施，片面强调"整形修剪万能"和"一把剪子定乾坤"的认识是错误的。因此，只有认真贯彻"土、肥、水是基础，病虫害防治是保证，优良品种是根本，整形修剪是调整"的综合管理措施，才能充分发挥整形修剪对青刺果树的调整作用。

66

一、整形修剪的作用、依据和原则

（一）整形修剪的作用

对于树体来讲，修剪具有局部刺激与整体抑制的双重作用。修剪的对象是树体各类枝条，但作用并不仅局限于被剪枝条本身，对整体也有相关的作用。对于被剪部位，主要是破坏树体原有根系与树冠的生长平衡，使树冠相对失去一定数量的枝芽，剩下的枝芽能分配到的营养相对增加，同时改善树冠内的光照条件，提高光合能力，从而增强了生长势。对于整体，主要是剪去部分枝芽，缩小树冠体积，引起刺激部位的枝条旺盛生长，使供给根系生长的光合产物相对减少，进而影响根的生长，根的吸收能力相对减弱，对地上部分的供应下降，从而整体上抑制生长。

整形修剪可对树体水分和营养物质运输分配进行调整。通过修剪的影响，使水分和营养物质更好地合理分配。通过剪掉一些枝，地上部与地下部的平衡关系遭到破坏，树体内从根部吸收的水分、矿质营养的水平短期内有提高，集中了养分，促进了生长。因此，修剪不仅能改变树体内水分、营养物质的运输和分配，而且能提高树的生理活性。

对青刺果植株进行修剪，可提早青刺果结果时间，而未经处理的植株，植株内膛因密度大、采光通风度不足，易出现徒长枝、枯死枝，导致挂果迟滞。修剪试验见表5-1。

表5-1 修剪试验

修剪方案	挂果株率（%）			平均株产（kg）	
	2年生	3年生	4年生	3年生	4年生
保留1个主干	11	33	100	0.16	0.25
保留2个主干	8	20	100	0.20	0.36
保留3个主干	—	15	70	0.08	0.55
保留3个主干以上	—	10	60	0.05	0.60
未进行修剪处理	—	5	33	—	0.18

对青刺果树进行整形修剪的目的，就是在安排好骨架、构成良好的树体结构的条件下，通过调节、平衡和更新的手段，使青刺果树的营养生长和生殖生长处于相对平衡状态，以达到高产、稳产、优质和长寿的目的。

（二）修剪的原则

整形修剪要遵从"因树整形，随枝修剪"的原则，做到长远规划、全面安排，本着"以轻为主，轻重结合"的方针，综合运用各种不同剪枝方法，达到均衡树势、主从分明、枝组丰满、透风透光、病虫害少、优质丰产的目的。

1. 因枝修剪、随树整形

青刺果树由于受外因和内因的不同影响，其生长情况不尽相同，为了适应这种差异性，在进行整形修剪时应本着"因枝修剪、随树整形"的原则，具体情况，具体分析，不能死搬硬套，强求树形。在运用外地经验时，必须结合本地、本园的具体情况，有所取舍，灵活掌握，这样才能随枝就势，诱导成形，才不致违背树性，犯机械造形、为造形而造形的错误。

就青刺果树整形而言，应从定干开始，按形整枝，以培养成理想的预定树形。不可只作无原则的轻微疏枝或短截，以致形成非人工又非自然的混乱形状。应按青刺果树的生长特性，2～3 年生植株以培植主干为主要目的，人为地养成所需树形，把不必要的、不适宜的枝条去除或改造利用。3 年生以上植株以增产稳产为目的，应因树对植株进行修剪，不可削足适履，大拉大砍。

2. 长远规划、全面安排

青刺果树是多年生植物，寿命长，结果年限长达 40～50 年。整形修剪得当与否，对幼树结果早晚和盛果期年限的长短，均有很大的影响。如果只强调早结果、多结果，而不注意树体结构和健壮长寿，则会缩短青刺果树的结果年限或形成小老树。只考虑树形，不考虑适龄结果，就会推迟结果年限，影响经济收入。因此，在整形修剪时，要做到长远规划，全面安排，既要考虑当前的结果利益，又要顾及未来结果利益。成形期的幼树，应采用"轻剪长放多留枝，整形结果两不误"的修剪措施，以达到提早结果的目的，骨架牢固可以为以后丰产打下良好的基础。进入结果期后，应控制树高，解决采光问题，抑前促后，充实内膛，调整生长和结果的关系，采取延长盛果期年限的修剪措施，使之稳产、高产，衰老期要以回缩修剪为主，更新复壮结果枝组，延长青刺果树的经济寿命。

3. 以促为主、促控结合

以促为主、促控结合的原则主要用于未结果的幼树和初果期的树，目的在于调节树势，合理充分利用空间，做到立体结果。在加强肥水管理和通过短截增生分枝，促进其营养生长的基础上，进行枝条的合理分工。对骨干枝条促进健壮生长，迅速扩大树冠，培养牢固的树架。对其余枝条在夏季采取控制手段，使这些枝条由营养生长转化为生殖生长，形成花芽，提早结果。通过以促为主、促控结合的措施，达到利用辅养枝提早结果，整形结果两不误的目的。

（三）整形修剪的依据

1. 自然条件和栽培管理条件

青刺果树的生长发育因外界的自然条件和栽培管理条件的不同而有很大的差

异。整形修剪应根据当地的地势、土壤、气候条件和栽培管理水平，采取适当的整形修剪方法。例如，栽植在土壤瘠薄、土壤结构不良的沙滩地及地下水位较高地的树，因条件不好，限制了树的生长发育，一般表现较弱，树冠小，容易控制，在修剪技术上，修剪量可稍重一些；在土壤肥沃、雨量充沛、灌溉条件较好的地方，树生长旺盛，树冠大，难以控制，修剪量要轻，并采取一定的修剪措施控制树冠的扩大。

2. 年龄时期

青刺果树一生有幼年、壮年和老年阶段。在不同的年龄时期其树势生长不一样。幼龄树生长旺盛，营养生长占优势，这个时期的修剪要"小数助大"，修剪量要小，调整营养生长和生殖生长之间的关系，达到早期结果、早期丰产的目的。在大量挂果的壮年期，随着结果量的增加，树势趋向衰老，修剪的任务是"大树防老"，延长盛果期年限。这个时期要进行细致修剪，调整树冠内部的风、光条件，更新复壮结果枝组，避免大小年现象，达到稳产、高产的目的。当青刺果树到老年期时，在修剪技术措施上就要注意更新复壮，"返老还童"，恢复树势，提高产量，延长结果年限。

3. 树势

树势是立地条件、营养水平等的综合表现，正确判断树势是制订修剪方案的基础。修剪时应先观察，正确判断树势，决定修剪的方案与措施。修剪前要看去年修剪后枝条的生长情况和全树结果的表现。青刺果树的生长和结果的表现就是最客观、最明确的回答，弄清修剪反应后，心中有数，有的放矢，就可以比较正确地进行修剪。

修剪是调节措施，通过修剪技术的实施，不断改进、平衡生长与结果的矛盾，以实现中庸偏旺的生长势。

二、青刺果的树形

根据青刺果树的生长习性，宜采用半圆形树形。因为这种树形有利于实际生产操作，特别是有利于果实采收。半圆形树形属于分层形树冠，主枝分 2~3 层排列，一般第一层主枝 3 个，第二层主枝 2~3 个，第三层主枝 1~2 个；或第一层主枝 3 个，第二层主枝 2~3 个，全树主枝 5~7 个。这种树形主枝数量和分布合理，造形容易，结构合理。

三、修剪的时期与方法

（一）修剪的时期

青刺果未挂果幼树一年四季均可修剪，修剪同时可进行扦插条的采集；结果树宜在采果结束后至次年春季萌芽前修剪。修剪后的植株萌枝力较强，及时除蘖。

（二）修剪的方法

修剪的主要方法有疏剪、短截、缩减、抹芽、除萌等。

1. 疏剪

疏剪又称疏枝，即把一年生或多年生枝条从基部剪除。疏剪主要用于疏除过密的营养枝、徒长枝、衰老下垂枝、交叉并生枝、外围密挤枝以及干枯、病、虫枝等。疏剪可以调节枝条密度，使树上枝条分布均匀、合理；促进剪口后部枝芽的生长势，抑制剪口前部的生长势，既能改善通风透光条件，提高光合效能，又能促进花芽形成，提高产量；疏枝及时，可以减少不必要的营养消耗，有利于营养集中。在青刺果园留枝量偏大、树冠郁密的情况下，疏枝是加快树形改造、规范树形的一项技术措施。合理疏枝，降低枝量，对于改善果实品质，促进成花具有十分重要的意义。

2. 短截

短截又称短剪，即剪去一年生枝的一部分。短截的作用：一是促进剪口下芽萌发，增加长枝数量；二是对全树或短截的枝起削弱作用，通常多用于骨干枝的培养（幼树整形）和复壮树势。短截的程度越重，促发的长枝越多、越旺，在幼树期若短截过多、过重，刺激抽发的长枝就越多，对花芽形成和早结果极为不利。

3. 缩剪

缩剪又称回缩，是将多年生枝短截回缩到适当的分枝处。缩剪具有促进生长势的明显效果，有利于更新复壮树势，促进花芽形成和开花结果。过大的结果枝组通过回缩可以起到控制的效果，回缩通过调整枝组的角度和方位，也能改善通风透光条件，起到充实内膛、延长结果年限、提高坐果率的作用。

回缩修剪时要注意以下三点：一是不结果不回缩，避免旺长冒条。二是若对大枝进行了回缩修剪，则后部留下的小枝组不再回缩，防止生长转旺。三是回缩要适度，过大枝组要逐年回缩；过旺枝不能急于回缩，先疏掉其上部分枝组或旺枝，待枝势削弱后再进行回缩；下垂枝及花量过大的枝可重回缩；斜生枝角度越小，回缩应越轻。总之，回缩程度要根据枝势和枝位综合考虑而定。

4. 抹芽、除萌

抹芽、除萌是生长季内的疏枝，主要是抹去骨干延长枝剪口对生芽的一侧芽，延长枝上的直立嫩梢，主干、主枝、剪、锯口及其他部位无用的萌枝，挖除、剪掉根际、主干上的萌蘖。

(三) 不同年龄树的修剪

1. 幼龄期树的整形修剪

青刺果幼树是指栽植后尚未结果或初花开始结果的一段时期，这一时期一般是4~5年，是树形完成的主要时期。青刺果树苗由苗圃搬出定植于果园，其根系受到损伤，定植后1~2年内长势较弱，生长量较小，称为缓苗期。两年以后根系恢复，生长转旺，枝叶数量增加，离心生长旺盛，是培养各级骨干枝的最好时期。幼树阶段应本着轻剪长放多留枝，培养牢固的骨架，即整形结果两不误的原则进行整形修剪。修剪的任务是及时定干，根据半圆形树型选择培养各级骨干枝，适度短截侧枝，增加枝条数量，尽量多留枝，促进树体生长，使树冠迅速扩大加快进入结果期。通过幼龄阶段的修剪，控制树的高度和骨干枝的树木，使其形成一个强壮、均衡和透光的骨架。

(1) 定干高度。

苗木定植后按照预定的主干高度剪截叫作定干。青刺果树的定干高度一般为2 m左右，以便于实际生产操作和果实采收。

(2) 主枝的整形与修剪。

构成植株的骨架靠主枝，修剪时以培留3~5个主枝为宜，主枝上留分布均匀的分枝数条。每株树的主枝数目不要超过5个。将主枝基径60 cm（分枝带）以下的萌芽剪除，分枝带以上选留生长不同方向的侧枝2~3条作为形成小树冠的骨干枝，主枝和分枝构成树冠的骨架。修剪时还应疏剪交叉枝、过密枝、纤弱枝、病虫枝、荫蔽枝、下垂枝、枯枝等无效枝，使树冠疏朗通风、透风，便于农事操作。幼树修剪后应进行撑扶，避免出现风伏。

(3) 确保通风透光。

若树冠通风透光不好，对生长发育不利。要保持树冠内通风透光良好，对内部枝条要随时进行疏剪，做到中心不留大枝，而空隙处则采取选留二级枝来填充。一个良好的树形，要长久保持树冠各方都长得均匀。当树冠生长失去平衡时，应对生长过盛一方的强枝进行短截，让较弱一方的枝条吸收较多的养分，迅速生长，恢复平衡。如果一次短截不能矫正，可进行多次。强枝短截后，除加强截口下面萌芽的选留与剔除，还要防止徒长枝抽生。对影响树形的萌芽和过多的枝条，要随时剪除，对确定选留的芽和枝条，要加以保护，有损伤时要迅速更替，否则树冠难以形成。

2. 成龄期树的修剪

成龄青刺果树树冠扩大快，枝条向四周延伸，枝组形成多，最易发生光照不良引起的枝组瘦弱、花芽分化不好、退化花数过多、结果量少等问题，如果修剪、管理措施合理，产量上升较快。整形修剪主要是调整植株的营养生长和生殖生长，使树势壮而不衰，延长盛果年限，推迟衰老期来临，使树体较长时期维持高产、优质的状态。

修剪时沿树冠自下而上将植株根茎、主枝、膛内和冠顶所萌发和抽生枝条全部剪除，剪除冠层病、虫、残枝和结果枝梢部的风干枝。对于过密或者衰弱的枝条要及时疏除，过密的营养枝要疏除或短截。合理控制青刺果的树高和树冠，使养分集中形成强壮的枝条，成为第二年的结果母枝。当冬春季现蕾时，若花量过大，要及时疏除一部分。修剪后的植株应及时进行除蘖，以避免因营养生长过旺而导致减产。

3. 衰老期树的修剪

大量结果三四十年以上的树，由于贮藏营养的大量消耗，地下根系逐渐枯死，冠内枝条大量枯死，花多果少，产量下降，步入衰老期。对衰老期树应采取重度回缩的方法复壮地上部分和深耕施肥促生新根，对于骨架健壮但衰老枝过多的树，应适当疏除衰弱枝，或直接重度回缩至健壮部分，达到"返老还童"持续结果的目的。

在修剪方法上根据不同树势、枝势，采用"去弱留强"等回缩更新剪法，复壮枝组或骨干枝长势，延迟树体衰老进程。结合秋耕深施基肥工作，在原树冠垂直投影内挖 50 cm 深的环形沟，对沟内所有根系全部铲除，并施入以磷肥为主的有机肥料，促使产生大量新根，达到恢复树势的目的。

四、整形修剪应注意的事项

第一，在动手修剪之前，应先绕树仔细观察树冠四周和上下、内外枝条长相，树势的强弱，枝条的稀密，花芽的多少，再确定修剪措施。动手修剪时要先考虑大枝的修剪量，再考虑中枝的修剪措施，最后才考虑小枝的修剪。去大枝要全面规划，逐年安排，不能一年内把要去的大枝全部去掉。

第二，疏枝伤口要平滑，下剪不要太斜，剪口不要太大，一般情况下以不留残桩为宜。

第三，锯除大枝，应注意防止大枝锯口下部劈裂。在将要锯断时，必须特别小心，要有人扶稳大枝，慢慢锯下或分段锯除。或者先在大枝基部以上 15~20 cm 的地方由下向上锯一半，然后再从上面将枝锯下。锯口要平滑，不留残桩，也不能锯入母枝。锯口应削平，再涂上伤口保护剂。

第四，上树修剪的时候，穿紧身衣服，戴手套，穿胶底鞋，不要穿皮鞋或有钉子的鞋，以免踏伤树皮，引起病害。

第五，登梯或上树修剪时要注意安全。有人在树上的时候，下面不能有人同时工作，过往也要当心，以防锯落大枝，或失手掉下工具而发生伤人事故，还要防止梯凳歪倒和树枝损伤，发生人身事故。

第六，修剪病树或病枝使用过的手锯、修枝剪要及时消毒或在火焰上燎烤，以免传染。

第七，修剪的工具要保持锋利，修剪不要拧动螺丝，以免错口。工具不用时要用黄油或凡士林油涂抹，包上油纸或塑料薄膜，妥善保存，以免生锈。

第八，一株树修剪完毕应复查一遍，以便修正整形修剪中的错误和不足之处。修剪以后，应该把剪下的枝条、枯枝拣到园外，特别是病虫枝一定要烧毁，以免病虫蔓延传播。

第五节　病虫害防治

青刺果的田间病害种类较多，主要为真菌性病害。幼树病害主要有叶斑病、白粉病、煤烟病、立枯病、根腐病等，成龄树病害主要有叶斑病、煤烟病、根腐病、干腐病、枯萎病、白粉病等；虫害主要有蚜虫、象鼻虫、天牛、金龟子、蚱蜢等鞘翅目、鳞翅目昆虫。

青刺果园的病虫害防治，必须积极贯彻"预防为主，综合防治"的植保方针，实施中要以农业防治和物理防治为基础，以生物防治为核心，根据病虫害的发生规律和经济阈值，科学使用化学防治技术，有效地控制、推迟或减轻病虫危害，把损失控制在经济准许的阈值内。

一、综合防治技术

（一）农业防治

农业防治在病虫害防治中是最基本的措施，是病虫害防治的基础。农业防治包括合理修剪，改善果园的通风透光条件，适量结果，保持树势健壮，及时剪除病虫枝，清扫枯枝落叶，刮除枝干上带菌的老翘皮，刮除枝干上被病虫害侵染的病斑，去除已经被枝干病害侵染致死的枝条，将带有病虫害的苗木或其他栽植材料及时就地销毁，加强土肥水管理，翻树盘活化深土层，地面秸秆覆盖，科学追肥、灌水、复壮树势，提高青刺果树的抗病能力。

（二）物理防治

物理防治是指利用各种物理因子（光、电、色、温湿度、风）或器械防治害虫，包括捕杀、诱杀、阻隔、辐照不育技术等。

1. 捕杀

直接利用人力或棍子、抹布、草把等工具捕杀树上的害虫，特别是在害虫群聚阶段，效果更好。例如，用湿抹布去除幼树叶片或枝干上的蚜虫，用竹竿打落或击杀食叶害虫的幼虫。这些方法简单易行，用于害虫点片发生阶段，效果甚好。

2. 诱杀

利用害虫对某些物质条件的强烈趋向，将其诱集后捕杀。

（1）灯光诱杀。许多害虫都有强烈的趋光性，使用黑光灯（紫外光等）来测报或防治害虫，效果很好。黑光灯诱集的效果，与天气情况及害虫的发生时期密切相关，要按照害虫活动的时期及时安装利用。通常在无风、无月、无雨时诱集效果最好。

（2）潜所诱杀。许多害虫在不同时期喜欢栖息一定的环境，人工设置类似栖息环境可以诱集这些害虫，然后杀灭。在树干上束草，可以诱集多种果树害虫进入其中越冬，解下草束烧毁，即可将害虫烧杀。

（三）生物防治

生物防治是指利用生物或其代谢产物控制有害物种种群的发生、繁殖或减轻其危害。通常是指以虫治虫、以微生物治虫、以鸟治虫、以其他动物或植物来治虫等。

1. 以虫治虫

采用人工繁殖或释放赤眼蜂，果园种草，人工保护，助迁瓢虫、草蛉、花蝽和捕食螨等害虫天敌，来消灭害虫。利用天敌昆虫防治害虫，方法简便，经济有效，就地取材，便利群众。

2. 以微生物治虫

各种微生物（细菌、真菌、立克次氏体、原生动物等）导致昆虫疾病流行，有抑制有害生物种群数量的作用，人工利用这些微生物来防治病虫害。例如，目前我国广泛使用 Bt 制剂防治鳞翅目幼虫。

3. 以鸟治虫

各国各地都十分重视利用各种食虫鸟类来防治害虫。由于人工饲育大量鸟类具有种种困难，多采用一系列保护和招引鸟类的措施来达到防治害虫的目的。

4. 激素治虫

昆虫的内激素和外激素都可用于治虫，近年来这方面的研究和利用都有很大的进展。所谓第三代杀虫剂，都是指利用这些昆虫生理活性物质来杀虫。

（1）昆虫内激素的使用。

用于昆虫的内激素主要有两种，即保幼激素和脱皮激素。脱皮激素在昆虫幼虫期使用，可使昆虫立即脱皮，过量则致死亡。用于蛹则可以使蛹再次脱皮变成二次蛹，但不能成活。

（2）昆虫外激素的使用。

昆虫的外激素依其作用来分有性外激素、结集外激素、追集外激素和告警外激素等。目前防治害虫主要使用性外激素诱集害虫，干扰性交配，集中杀灭。

（四）化学防治

化学防治是应用最广，见效最快，而且是一种比较经济的防治方法。目前，全世界约有农药品种1000多种，常用的有250多种，其中杀虫剂和杀螨剂约有100多种。随着生产规模越来越大，毒剂的安全性、有效性、经济性、对人畜和生态环境的无害性的要求也越来越高。化学防治应积极使用植物源、矿物源及生物农药，坚决禁止使用剧毒、高毒和高残留农药，有限制地使用中毒化学农药，合理使用高效、低毒、低残留化学农药。

1. 昆虫的抗药性

针对昆虫抗性的成因及其发展过程，可采取减少同种农药的使用次数，提高农药使用的效率，避免环境污染，选用残效期短的农药，多品种农药轮换使用等方法，这些都是行之有效的减免害虫抗性的办法，至少可以大大延缓昆虫抗药性的出现。

2. 农药对天敌的杀伤

广谱性杀虫剂，不但杀伤害虫，而且大量地杀伤各种害虫的天敌。在某些害虫严重危害的地区，施药后害虫不仅没有受到抑制，反而比以前的发生数量有所增加，特别是在害虫大发生的后期施药，往往会出现这种情况。

3. 正确地使用农药

（1）正确选用农药的品种、使用浓度和用量。

不同的植物，对各种农药的耐受性极不相同，若使用不当，就会产生药害，造成损失。另外，不同的农药品种，各有一定的适宜防治对象，甚至对同一种昆虫的不同发育阶段，防治效果也有极大的不同。而任何一种杀虫剂的有效及其是否对被保护的植物产生药害，又与农药的使用浓度和用量直接相关。因此，必须根据农药、被保护的植物和害虫三者间的相互关系，来确定使用农药的品种及使用浓度和用量，使之能最大限度地杀死害虫。

（2）选择最合适的防治时机。

害虫大部分或全部进入最适于用药的发育阶段，害虫的大多数天敌处于不活动时期，能够兼治同一生境内其他有害昆虫。

（3）严格遵守农药使用规程，严防人畜中毒事故发生。

使用农药过程中，尽量避免与人体直接接触或吸入其有害气体，工作过程中不许进食或吸烟，按规定配备必要的劳动保护用品（防护服、眼镜、口罩、手套等）。

二、病虫害防治原则

（1）遵循防重于治的原则，从青刺果、病虫草和有益生物整个生态系统出发，综合应用各种防治措施，创造不利于病、虫、草孳生和有利于各类天敌繁衍的环境条件，保持青刺果基地生态系统的平衡和生物多样性，减少各类病虫草害所造成的损失。

（2）优先采用农业措施，选用抗病虫品种、培育壮树、加强栽培管理、中耕除草、间作套种等防治病虫害。

（3）尽量利用灯光或色板诱杀、机械捕捉等物理方法防治害虫。

（4）采用机械或人工方法防除杂草。

（5）禁止使用和混配化学合成的杀虫剂、杀菌剂、杀螨剂、除草剂和植物生长调节剂，提倡采用病毒、真菌、性信息素等生物源农药防治病虫害。

（6）植物性农药对益虫有杀伤作用，在病虫害大量发生等严重情况时才能使用。

（7）果实尽量在雨季来临前采收结束，避免高温高湿情况下病原菌的危害，可以喷洒波尔多液、石硫合剂等保护性药剂进行防治。

三、防治青刺果树病虫害允许使用的农药

青刺果树病害防治可用百菌清或世高等杀菌剂防治；虫害防治可采用灯光诱杀、人工捕捉等方法，同时保护好赤眼蜂、瓢虫、捕食螨等青刺果树害虫的天敌动物。蚜虫、蚱蜢、金龟子、鞘翅目、鳞翅目昆虫、象鼻虫、天牛用吡虫啉或乐斯本等杀虫剂防治。防治青刺果树病虫害允许使用的农药有以下几种：

（1）微生物源农药：①农用抗生素：浏阳霉素、华光霉素、春雷霉素、多抗霉素（也叫多氧霉素、多氧清、宝丽安）、扑海因、阿维菌素、伊维菌素、井岗霉素等；②活体微生物农药：白僵菌、苏云金杆菌、核型多角体病毒、颗粒体病毒、绿僵菌等。

（2）动物源农药：性信息素、互利素；寄生性、捕食性的天敌动物，如赤眼蜂、瓢虫、捕食螨、各类天敌蜘蛛及昆虫病原线虫等。

（3）植物源农药：除虫菊素、鱼藤酮、植物油乳剂、印楝素、苦楝、川楝素等。

（4）矿物源农药：硫悬浮剂、可湿性硫、石硫合剂等。

四、主要病害防治技术

青刺果树病害主要有叶斑病、白粉病、煤烟病、立枯病、根腐病、干腐病等，可用相应的允许使用的生物农药及生物措施进行综合防治。

（一）叶斑病

1. 症状及发病规律

叶斑病主要危害青刺果树的叶片。病叶上有大而圆的病斑，叶背会产生黑色霉层（即病原菌的分生孢子和分生孢子梗）。青刺果感染叶斑病后，叶片易早落、枯死，生长不良。

其病原菌为一种真菌。病菌以菌丝体和分生孢子在落叶上越冬，分生孢子借风雨传播，对树体造成侵染。经 1～2 周的潜伏期后，被病菌入侵的果树就会表现出相应症状，此时还会有分生孢子产生，以后孢子可进行多次侵染。发病严重时可造成叶片全部脱落。

2. 防治方法

（1）加强栽培管理。合理施肥，肥水要充足；夏季干旱时，要及时浇灌；在排水良好的土壤上建造苗圃；种植密度要适宜，以便通风透光降低叶片湿度；及时清除田间杂草。

（2）消灭侵染来源。随时清扫落叶，摘去病叶。冬季对重病株进行重度修剪，清除病茎上的越冬病原。休眠期喷施 3～5 波美度的石硫合剂。

（3）药剂防治。注意发病初期及时用药。根据病害种类可选用下列药剂：70％甲基托布津可湿性粉剂 1000 倍液，70％代森锰锌可湿性粉剂 600 倍液，10～15 天喷施 1 次，连续喷施 3～4 次。要注意药剂的交替使用，以免病菌产生抗药性。

（二）白粉病

1. 症状及发病规律

白粉病主要危害新叶、新梢等幼嫩组织。病害部位表面长出一层白色粉状物（即分生孢子）是此病的主要特征。发病严重时白色粉状物可连片，致使整个叶片呈白色，叶片萎缩干枯，花少而小，严重影响植株生长、开花、结果。

其病原菌也为一种真菌。该病菌主要以菌丝体在病芽和落叶上越冬，有时也可以闭囊壳的形式越冬。子囊孢子或分生孢子随风传播，从寄主表皮直接侵入，并引起多次重复侵染。温度为 15℃～25℃时最易发病，病菌对湿度的适用性强，高湿和干旱均可侵染危害，在空气湿度高的条件下发病更重。植株过密，光线不足，通风不良，闷热或温度忽高忽低，均易发病。此外，氮肥过多造成植株徒长时，发病越重。

2. 防治方法

（1）消灭越冬病菌，秋冬季节结合修剪，剪除弱病枝，并清除枯枝落叶等集中烧毁，减少初侵染来源。

（2）休眠期喷施 3～5 波美度的石硫合剂，消灭病芽中的越冬菌丝或病部的闭囊壳。

（3）加强栽培管理，增施有机肥料，提高树势的抗病力。

（4）化学防治：发病初期喷施 15％粉锈宁可湿性粉剂 1500～2000 倍液、15％三唑酮可湿性粉剂 1500～2000 倍液，或 40％氟硅唑乳液 8000～10000 倍液。

（5）生物制剂：抗霉菌素 120 对白粉病有良好的作用。

（三）煤烟病

1. 症状及发病规律

煤烟病主要危害叶片。发病初期，表面出现暗褐色点状小霉斑，后继续扩大成绒毛状黑色或灰黑色霉层，后期霉层上散生许多黑色小点或刚毛状突起物，即病菌的分生孢子梗和分生孢子。严重时叶片、植株发黑凋萎，最后枯死。

该病由多种真菌引起。以菌丝体或分生孢子器随病残体在田间越冬，通过风雨传播进行初侵染发病，病部产生的分生孢子可多次侵染。栽培不良、密不透风、湿度大的果园易诱发该病。常以粉虱类、蚧类和蚜虫类害虫的分泌物为营养而发病。

2. 防治方法

（1）治虫防病。及时抓好粉虱类、蚧类和蚜虫类的防治，减少害虫分泌物。

（2）做好冬季清园。清除已经发生的煤烟病，也可用敌死虫乳油或机油乳剂 200～250 倍液喷雾。或者在叶面上撒施石灰粉，使霉层脱落。

（3）在发病初期开始防治。可用 0.5：1：100（硫酸铜：石灰粉：水）波尔多液喷雾，用 70％甲基托布津可湿性粉剂 600～1000 倍液喷雾，或用 0.5％洗衣粉水溶液喷淋，可连续喷施 2～3 次。

（4）加强田间管理，施足腐熟有机肥，合理密植，结合修剪，使田间通风透光良好，防止湿度过大。

（四）立枯病

1. 症状及发病规律

幼苗立枯病（*Rhizoctonia* sp.）是苗圃常见病害，多发生在育苗的中、后期，由土壤中的一些病原真菌引起，如镰刀菌、丝核菌和腐霉菌等。立枯病主要危害幼苗茎基部或地下根部，初期为椭圆形或不规则暗褐色病斑，病苗早期白天萎蔫，夜间恢复，病部逐渐凹陷、溢缩，有的渐变为黑褐色，当病斑扩大绕茎一周时，干枯死亡，但不倒伏。轻病株仅见褐色凹陷病斑而不枯死。苗床湿度大时，病部可见不甚明显的淡褐色蛛丝状霉。

其病原菌为丝核菌属立枯丝核菌（*Rhizoctonia solani*），病菌以菌丝和菌核在土壤或寄主病残体上越冬，腐生性较强，可在土壤中存活 2～3 年。该病主要通过雨水、流水、沾有带菌土壤的农具以及带菌的堆肥传播，而果园内通常以土壤接触和人为操作带菌传染。播种过密、间苗不及时、苗地排水不良、透光不好、温度过高易诱发该病。

2. 防治方法

（1）加强栽培管理，增施有机肥，适时排水和灌溉，促使幼苗健壮成长，提高植株抗病能力。

（2）育苗地要更新，旧苗地要与其他作物轮作，以减少土壤病原菌。

（3）进行土壤消毒和药剂拌种。药剂有福美双（50％粉剂）、五氯硝基苯（70％粉剂）。拌种时药剂用量为种子重量的 0.2％～0.5％。将药剂与等量细土混合均匀后拌种。土壤消毒时，每 667 m² 用药 0.5～1 kg。

（4）幼苗出土后，每 10 天或 30 天喷一次 1％波尔多液。

（5）该病早期难以发现，若发现病树应及时挖掉，彻底清除病根和周围的病土，撒上石灰。病株和四周健康树用药剂喷淋根颈部保护，可选用的药剂有：75％敌克松可溶性粉剂 500 倍液，20％甲基立枯灵乳液 600 倍液，50％速克灵可湿性粉剂 800 倍液。

（五）根腐病

1. 症状及发病规律

根腐病是一种由真菌引起的病，该病会造成根部腐烂，根系吸收水分和养分的功能逐渐减弱，直至全株死亡，主要表现为整株叶片发黄、枯萎。

根腐病属于土传病害的一种，病菌在土壤中和病残体上过冬，主要通过土壤、种子带菌或水流、虫子传播。其发生与气候条件关系很大，苗床低温高湿和光照不足是引发此病的主要环境条件。育苗地土壤粘性大、易板结、通气不良致使根系生长发育受阻，也易发病。另外，根部受到地下害虫、线虫的危害后，伤口多，有利病菌的侵入。

2. 防治方法

（1）不要选择地势低洼、土壤黏重、排水不良的地块用于栽植青刺果树。

（2）定植时不要埋得过深，定植后要加强栽培管理，合理施肥，及时松土除草，以增强树势。

（3）对严重腐烂的病株，全株挖出烧毁，并将遗留于树穴内的残根清除干净，换土。每穴用 2~5 kg 石灰进行消毒。

（4）对染病较轻的病株，剪除病腐根后，施用 1‰~2‰的硫酸亚铁、1/1000 的福尔马林等土壤消毒剂溶液喷洒根部进行消毒。为防止植株的水分失调，可剪去部分枝叶，逐渐恢复树势。

（六）干腐病

1. 症状及发病规律

干腐病是能够造成枯萎症状的一类病害的总称，以植物萎蔫枯死和整株发病为显著特征。幼株染病后生长不良，病苗叶子变浅，并无明显症状，严重后叶柄在靠近叶鞘处下折，垂死干枯，随后茎部枯萎致死。成株老叶黄化，并伴随外部叶鞘维管束失绿。病部表面产生粉红色霉层，即病菌分生孢子梗和分生孢子。最后病根变褐腐烂，茎基部纵裂，剖茎可见维管束变褐。

干腐病系真菌性病害。病菌主要以菌丝、厚垣孢子或菌核在未腐熟的有机肥或土壤中越冬，在土壤中可存活 6~10 年，病菌可通过种子、肥料、土壤、浇水进行传播，以堆肥、沤肥传播为主要途径。该病的发生与温度、湿度关系密切，病菌生长温度为 5℃~35℃，土温 24℃~30℃为病菌萌发和生长的适宜温度。该病为土传病害，发病程度取决于土壤中可侵染菌量。一般地下害虫多，管理粗放，土壤黏重、潮湿时病害发生严重。

2. 防治方法

（1）加强幼树管理：使幼树健壮生长，增强树势，提高树体的抗病力。

（2）药剂保护：晚秋、早春应检查幼树树干、根颈部位，发现病斑应及时涂药防治。药剂防治应在栽植时严格淘汰病苗的基础上，以春季喷铲除剂为主，然后刮治。可用 40‰福美砷可湿粉 100 倍液或 3 度石硫合剂消灭病菌，也可兼治腐烂病。

（3）树上喷药：可选用 70‰代森锰锌可湿性粉剂 500~800 倍液，或 40‰多菌灵悬剂 800~1000 倍液等。

（4）清除菌源：及时清除园内带病枯死株及病枯枝，于园外销毁，降低园内带菌密度；对于已剥刮下的烂皮以及剪下的小病枯枝，要统一集中烧毁，以绝菌源。

五、主要虫害防治技术

青刺果树虫害主要有蚜虫、蚱蜢、金龟子、象鼻虫、天牛等鞘翅目、鳞翅目昆虫。

（一）蚜虫

1. 症状及发病规律

蚜虫俗称腻虫或蜜虫等，是一类植食性昆虫。繁殖速度很快，主要以成虫和若虫群集于嫩叶、嫩梢等幼嫩部位，吸食汁液，造成植株新梢黄萎、新叶卷缩，幼叶畸形，植株矮小，直接影响青刺果的健康生长。蚜虫成长过程中产生的大量蜕皮及其排泄物会诱发煤烟病，污染叶面。

2．防治方法

由于蚜虫繁殖能力强、生育周期短以及容易产生抗药性等，所以生产上稍有疏忽就会诱发蚜虫大面积发生。因此，防治蚜虫必须结合农事管理，建立一种长效的防治措施，再配合药剂防治，才能达到较好的防治效果。

（1）保护和利用天敌。

瓢虫、草蛉、食蚜蝇和蚜茧蜂是蚜虫的主要天敌，若园虫天敌数量多时，可不喷药或少喷药，以保护天敌。

（2）药剂防治。

药剂防治仍是蚜虫防治措施中的重要手段，尤其是在蚜虫大面积发生时，药剂防治可以迅速降低蚜虫数量。新梢期用10％蚜虱净可湿性粉剂2500倍液，或10％氯氰菊酯2000倍液，或10％吡虫啉可湿性粉剂4000～6000倍液进行防治，每3～5天喷一次，连喷2～3次，也可用2.5％鱼藤精乳油1000倍液或5％烟碱微乳剂1000～1500倍液等植物性农药均匀喷雾防治。

（二）蚱蜢

1．症状及发病规律

蚱蜢一年一代，成虫产卵于土内，呈块状，外被胶囊，以卵块在土层中越冬。属杂食性害虫，成虫及若虫食叶，常将叶片咬成缺刻和孔洞，严重时将叶片吃光，影响植株生长发育。

2．防治方法

蚱蜢一般零星少量发生，不需专门防治。

（1）农业防治：发生严重地区，在初冬铲除地边5 cm以上的土及杂草，把卵块暴露在地面晒干或冻死。坚持深耕细耙和冬季灌溉，可大量减少越冬卵量。也可重新加厚地埂，增加盖土厚度，使孵化后的蝗蝻不能出土。

（2）生物防治：利用青蛙等天敌进行生物防治。

（3）化学防治：喷药时间应掌握在3龄若虫以前，可用药剂有10％氯氰菊酯（安绿宝）2000～3000倍液、40％乙酰甲胺磷500～600倍液，或50％辛硫磷乳油1000倍液等。

（三）金龟子

1．症状及发病规律

金龟子种类很多，属鞘翅目昆虫。成虫俗称栗子虫、黄虫，幼虫统称蛴螬，俗称土蚕、地蚕、地狗子。危害多种果树和农作物，是一种杂食性害虫。幼虫在土壤中咬食根部，常造成植株立枯死亡。成虫咬食叶片，也危害嫩芽，取食花蕾和幼果。严重时常将树叶全部吃光，使树势衰弱，生长停滞，或使地上部分枯死。成虫多在夜间活动，有假死性。

2. 防治方法

（1）人工捕杀。在金龟子活动期间，于植株上和地面土缝中进行人工捕杀，利用其假死性，于傍晚进行振落捕杀。

（2）灯光诱杀。金龟子成虫趋光性强，利用趋光性，傍晚使用电灯、黑光灯诱杀成虫；傍晚 7~9 时，在果园边点火诱杀，效果显著。

（3）药剂防治。在金龟子成虫活动期间，用敌百虫 500 倍液，或 0％的辛硫磷乳液 1000 倍液，对其进行喷洒毒杀。在幼虫活动期间，用 1000 倍敌百虫液灌苗窝。还可用 2.5％敌百虫粉剂（每株树用量为 25~50 g）撒于树盘内，结合中耕翻入土内毒杀幼虫。

（四）象鼻虫

1. 症状及发病规律

象鼻虫两年一代，以成虫及幼虫两虫态在叶下或土内越冬，几乎为草食性。幼虫和成虫都能危害、咬食叶片和花，使花蕾垂下干枯，不能结实。该虫多生活在温暖地带，常见于露地栽培园。

2. 防治方法

（1）消灭虫源。早春清除枯叶杂草，消灭越冬成虫。发现被害花蕾及时摘除并烧毁，以防幼虫生长；发现成虫，随时捕杀。

（2）药剂防治。花蕾期喷 1 次 50％马拉硫磷 1500 倍液，或敌敌畏或敌百虫 1000 倍液。果实采收后喷 1 次 80％敌敌畏乳剂 1500 倍液，或 90％晶体敌百虫 1000 倍液。

（五）天牛

1. 症状及发病规律

天牛是鞘翅目叶甲总科天牛科昆虫的总称，是植食性昆虫，会危害木本植物，是林业生产、作物栽培和建筑木材上的主要害虫。两年一代，一般以幼虫或成虫在树干的坑道内越冬，主要以幼虫蛀食，生活时间最长，对树干危害最严重。当卵孵化出幼虫后，初龄幼虫在树皮下取食，待龄期增大后，便钻入木质部危害，幼虫在树干内活动，每隔一定距离便在树皮上开口作为通气孔，向外推出排泄物和木屑。被害部位外可见到树液、木屑和虫粪。树体内部被穿凿成孔道，受害植株生长衰弱，枝条枯死，易被风折。根颈部受害严重时，地上部分枯死。

2. 防治方法

（1）人工防治：利用天牛成虫的假死性，可在早晨或雨后摇动枝干，将成虫振落地面捕杀，或在成虫产卵期用小尖刀将产孵槽内的卵杀死。在幼虫期经常检查枝干，根据树皮上的新鲜虫粪，可找到虫孔，用小刀挖开皮层将幼虫杀死或用钢丝刺杀或钩出消灭，发现被害枯梢及时剪除，集中处理。

（2）生物防治：天牛有许多捕食性和寄生性天敌，肿腿蜂便是其中之一。肿腿蜂能沿虫道找到天牛幼虫及蛹，并产卵于天牛幼虫或蛹体内。肿腿蜂卵孵化后吸取天牛幼虫、蛹的营养而导致其死亡，达到防治效果。除了肿腿蜂以外，还有花绒寄甲、白僵菌和寄生线虫等，目前都已商品化，可以加以应用。

（3）树干涂白：将距离地面1.5~2 m的树干涂白（生石灰1份、硫磺粉1份、水40份调成浆糊状），可以有效地防止成虫在树上产卵。果树上若有剪口、锯口也要及时涂抹保护剂（清漆等），防止天牛产卵。

（4）药剂防治：在幼虫羽化高峰时期，使用菊酯类、毒死蜱、吡虫啉等药剂进行防治，5~7天喷园1次，喷施部位主要以枝干部为主，每次喷透，使药液沿树干流到根部，或者用上述药剂进行涂干。在天牛产卵和幼虫孵化盛期，查找产卵刻槽和幼虫危害处（检查树表伤口、蛀孔），采用药剂涂抹（使用菊酯类、有机磷类等杀虫剂加柴油或柴油进行涂抹）、毒棉包扎（将药液吸在棉花包扎在枝上，要先刮去老皮，外面再用塑料薄膜包裹）、毒土粘黏（药液拌适量粘土调成药土，粘涂于产卵和幼虫危害处）三种方法进行防治。在新排粪孔内放入沾有30~50倍50%敌敌畏乳油或40%氧化乐果乳油的棉花团，或放入1/4片磷化铝，然后用泥封住虫口，进行药杀。

第六章　青刺果的采收与加工利用

　　青刺果的果实采收、榨油与加工，是青刺果生产的重要环节，也是提高青刺果经济效益的关键环节。云南省在青刺果加工利用方面成效显著，已开发出青刺果高级食用油、高级护肤品和青刺尖茶等系列产品。下面对青刺果采收与加工技术加以介绍。

第一节　青刺果的采收

　　栽培青刺果的目的是利用果核进行榨油，果核出油率与青刺果的果实有直接关系。因此，就必须适时恰当地将果实采收好。

一、采收时期

　　不同采收时期对青刺果的产量和质量有直接关系。从理论上讲，当果实达到生理完全成熟时，进行采收最为理想。因为完全成熟的果仁出油率最高，油质最好。过早采收，即在果实尚未完全成熟时提前采收，则种子饱满度不足，含油量少，出油率低，而且易氧化变质。过晚（成熟过度）采收，则外果皮皱缩与种皮粘连，不易脱落，将增大加工工序和成本，且油的香味较差，酸度也略高。只有适时采收，才能使果仁的含油量多，出油率高，含油品质最佳，从而获得较高的收益。

　　青刺果在发育中，内在的生理状态和外部的形态表现都会发生一系列变化。青刺果生理成熟与形态成熟是一致的，在生产上都是以外部形态标志作为确定适宜采收期的依据。当果实外部变为黑红色时，果仁的含油量猛增；当果实外部变为紫褐色或黑褐色，即达到生理完全成熟时，果仁的含油率最高。

　　青刺果的适宜采收期因气候、地区不同而有差异，青刺果的果实一般在 4～6 月成熟，实际上，不同单株，甚至同一植株的果实，成熟期也不一致。一般海拔较低的地方，5 月已大量成熟；海拔较高的地方，6 月才成熟。因此，分批采收是保障青刺果种子质量的先决条件，果实成熟一批，采摘一批。成熟果的标志是果皮颜色由绿色变为紫褐色或黑褐色，果肉稍软。可据此判断果实的成熟情况，确定具体的采收时间。

二、采收方法

青刺果干和枝上密布腋生针状硬枝刺，加上青刺果果实较小，果实采收比较困难，手工采收费时费力，劳动效率非常低，不小心还会被刺伤手，因此应力求机械化采收。尽管劳动力成本高，但目前无成型采收机械可用，生产中仍主要采用手工采收的方法。

（一）竹竿打落法

采收前，要先准备好采青刺果的篮子、盛放器具、苇席及晾晒场地等。采摘时，先清理树下的枯枝及杂草，适当平整土地，在树下铺一张苇席或一块厚塑料布等，用一根铁钩或木钩钩住枝条，用竹竿或棍子轻轻敲击成熟果枝，将成熟的果子打下来后收集起来。

（二）手工采收法

用一根铁钩或木钩钩住枝条，直接用手采摘。这种方法比较费时费工，加上青刺果干和枝上长有针刺，采摘时易扎破手指。

从长远看，机械采收既节省劳力又能适时采收，是今后采收发展的方向，因此研制青刺果采摘机是当务之急。

三、采后处理

果实采收后，在榨油前还要对果实进行前处理。

（一）脱皮及清洗

成熟果实采摘后，应及时进行脱皮和清洗处理。先剔除杂物及不成熟的青刺果，堆放于通风干燥的室内，厚度20~30 cm为宜。待果实软化后，用手搓去果肉果皮，用清水将果肉和果皮冲洗干净。

（二）种子干燥

（1）种子干燥前应进行初步清选，去除虫蛀籽、霉变籽及其他较大的异物。

（2）将清洗后的种子堆放在阴凉处晾干或在阳光下摊晒（但要避免高温暴晒，以免渗油），摊晒时定时翻动，待大量水分蒸发后，在阴凉通风处晾晒，至种子含水率为5%。

四、贮藏

（1）将晾干后的青刺果种子扬净，用麻袋装好贮藏在干燥、清洁、通风的库房中。

（2）库房应清洁、防雨、防潮。不应与有毒、有害、有异味、易挥发的物品混放。

（3）低温贮藏，冷藏温度为3℃～5℃。

（4）注意防虫、防鼠。

第二节　青刺果油脂提取

一、油脂提取方法

油脂提取的方法很多，但在大量生产时采用的只有压榨法、浸出法和水剂法三种。

（一）压榨法

压榨法是传统的使用方法，我国早在14世纪就有木锲式榨油的记载。它是对油料施加足够的压力，使油脂从细胞中分离出来的一种方法。它适用于各种油料的加工，且工艺简单，投资少，操作维修方便。不足之处是出油率低，油饼受到高温的影响，使用价值降低。大多数国家和地区都采用压榨法，我国农村也广泛使用这一方法。

（二）浸出法（萃取法）

利用某些溶剂能溶解油脂的性能，使其与油脂组成一种混合物，再经过蒸发和浸出，使溶剂和油脂从混合物中分离出来。浸出法分为预榨浸出、直接浸出、二次浸出等。其优点是出油率高，油粕品质好，生产规模大，适用于大宗油料的加工；缺点是技术较复杂，生产不安全。

（三）水剂法

水剂法就是利用水浸出提取油脂的方法，包括水代法、水浸法和水溶法。其优点是投资少，生产安全，方法简单，便于除去有害物质，出油率比压榨法高，比浸出法低；缺点是水溶时间长，容易引起微生物污染，增加废水处理成本。

二、青刺果油提取方法

青刺果油脂的加工，在云南省丽江市已有悠久的历史。目前部分地区仍以土榨为主，这种榨油方法费劳力，出油率也较低。现在已逐步用机械压榨和低温萃取技术（浸出法）代替土榨，节省劳力，出油率也较高。

（一）传统古方的榨油方法

将洗净晒干后的青刺果磨成细小颗粒，筛去糠壳，再晒干，然后将晒干的粉粒置于蒸笼内蒸到八成熟后装入麻布袋内趁热榨油。摩梭人的榨油工具由较为原始的木、石、竹三种器材组成，有木缸或石缸、榨缸、木墩、压杆、竹制或铜制流槽，以及绳、压石等。木缸或石缸内深宽各约一尺余见方，缸口底部凿多条流槽以便将榨出的油引入盛油的容器。榨油的方法是将蒸熟的刺果粉盛入布袋内，然后置于榨缸中，用一根结实的木杆，利用杠杆原理按压，清亮透明的油便顺着细槽徐徐流进容器内，加入食盐便可食用。

（二）机械压榨

机械压榨的工艺流程：青刺果种子→清理→剥壳→破碎→蒸头胚→制饼→榨头油→头饼→粉碎→蒸二粉→制饼→复榨→二油。

清理：青刺果种子在晒干、运输和贮藏过程中，往往会夹带一些杂质，为了提高出油率，保证青刺果油和油饼的质量，利用筛选和风选等设备，将青刺果种子与杂质分离。

剥壳：剥壳就是利用机械将青刺果种子外部的硬壳进行剥离。剥壳后榨油与用青刺果种子直接榨油相比，效果更好。首先，剥壳榨油可以提高设备利用率和青刺果种子的出油率。因为用果仁榨油比用青刺果种子榨油能减少 1/3 左右的原料处理量，大大提高了生产力，而且出饼量也比带壳榨减少 20%～30%，饼中残油相应减少，提高了出油率。其次，剥壳榨油可以提高青刺果油的质量。因为青刺果种子壳含有色素，混进油中会使青刺果油颜色变深和浑浊，所以用果仁榨出的油，透明度高，色泽清凉。

破碎：青刺果种子和其他油料一样，所含的脂肪和蛋白质、水分共存于细胞内部，必须碾碎以后使细胞组织破坏，才能压榨出油。破碎要细，轧胚要薄，把含油细胞破坏得越彻底，油分越容易流出。

蒸炒：所谓蒸炒，是指将所轧的生料胚经过加水湿润、加热蒸胚、干燥炒胚而成为熟胚的过程。在青刺果种子加工过程中，蒸炒是很重要的程序之一。在蒸炒的过程中，由于水分和温度的作用，细胞结构受到充分破坏，料胚中的蛋白质在高温的情况下大量吸水凝固，把脂肪分离出来，有利于油脂的提取。同时能使料胚的塑性适宜，既能承受压力不致流渣，又能随着压力的增加而压缩成饼。蒸炒的温度一般约为80℃。温度过低达不到蒸炒的目的，温度过高会使料胚焦化。蒸炒时间以80 min 为宜。

压榨：通过压榨提取油脂，是油脂制备工艺的中心环节，也是整个生产过程中决定出油率高低的最后工段。压榨技术主要包括运用压力、掌握时间和保持温度三个方面。入榨初期压力要轻，末期压力要重。利用机榨就是能连续地自动进料，连续地自动出饼，在榨膛内把料胚不断向前推进，同时对料胚施加压力，把油脂挤出，将残渣榨成饼。第一次榨出的饼，含有一定数量的油脂，必须进行复榨。将头饼粉碎，经过蒸炒、做饼等工艺，要求和榨头道基本相同。

澄降和过滤：刚榨出的青刺果油，内含有水分和大小不同的油渣、泥沙等杂质，要求将青刺果油静置一段时间，把沉淀物去掉，再进行过滤，把滤出的油脚清除。没有滤油设备的油坊，必须要有足够的沉降时间，提取上层的青刺果油装桶。

按以上工序生产的青刺果油，称为青刺果原油，这种原油由于质量好坏不等，往往要进行精炼。

（三）低温萃取（浸出法）

以上方法均受不同因素的制约，存在一些缺陷和不足，而采用丙烷、丁烷低温萃取技术提取青刺果油，可以弥补以上工艺的不足，能有效保存油料中的生物活性物质。

低温萃取的工艺流程：青刺果籽→清理杂质→烘烤→破碎→包扎→溶剂浸泡→萃取→溶剂回收→青刺果油。在低温萃取中破碎质量的好坏直接影响后续工序。青刺果籽要破碎成6瓣左右，然后通过风选使皮仁分离。若破碎程度不够，皮仁分离不好，皮随果仁进入下道工序，会造成果仁中含皮量太高；若破碎程度太大，果仁过碎易随皮而去，造成损失。一般以控制皮中含仁不超过0.5%、仁中含皮不超过5%为宜。

丙烷、丁烷低温萃取技术：丙烷、丁烷溶剂在常温常压下为气态，加压后为液态。在常温下，用液态溶剂制取青刺果胚片，然后分离混合油及粕中溶剂，使溶剂减压气化。整个过程几乎不需要加热，所得的毛坯油色淡、质优，保存了浸出油中原有的生物活性物质，青刺果粕中的药理性成分及植物蛋白等其他有效成分几乎没有变化。青刺果胚浸出时温度为45℃，经过5次浸出后湿粕含溶剂30%左右，然后减压气化，压缩回收利用，当表压为0.09 MPa、温度为45℃时，维持30 min 即达到成品油标准。

三、青刺果油的质量指标

（一）产品分类

青刺果油按形态分为原油和成品油，按工艺分为压榨油和浸出油。青刺果油分为青刺果原油、压榨成品青刺果油、浸出成品青刺果油三类。

采用压榨工艺制取的青刺果油称为压榨青刺果油，采用浸出工艺制取的青刺果油称为浸出青刺果油。经压榨或浸出后未经任何处理的青刺果油称为青刺果原油，经处理后符合成品油质量指标和卫生要求的青刺果油称为成品青刺果油。

（二）质量要求

1. 特征指标

折光指数（n^{20}）：1.462~1.477

相对密度（d_{20}^{20}）：0.879~0.925

碘值（I）（g/100g）：76~103

皂化值（KOH）（mg/g）：186~198

不皂化物（g/kg）：≤10

脂肪酸组成（%）：棕榈酸 $C_{16:0}$ 13~19

硬脂酸 $C_{18:0}$ 5~7

油酸 $C_{18:1}$ 30~42

亚油酸 $C_{18:2}$ 27~45

亚麻酸 $C_{18:3}$ 0.5~2

2. 质量指标

（1）青刺果原油质量指标见表6-1。

表6-1 青刺果原油质量指标

项 目		质量指标
气味、滋味		具有青刺果固有的气味和滋味，无异味
水分及挥发物（%）		≤0.20
不溶性杂质（%）		≤0.20
酸值（KOH）（mg/g）		≤4.0
过氧化值（mol/kg）		≤8.5
溶剂残留量（mg/kg）	压榨油	不得检出
	浸出油	≤100

（2）成品青刺果油质量指标见表6-2。

表6-2　成品青刺果油质量指标

项 目		质量指标		
		一级	二级	三级
色泽	（罗维朋比色槽25.4 mm）	—	≤黄35，≤红2.0	≤黄35，≤红5.0
	（罗维朋比色槽133.4 mm）	≤黄30，≤红3.0	—	—
气味、滋味		气味、口感良好	具有青刺果固有的气味和滋味，无异味	具有青刺果固有的气味和滋味，无异味
透明度		澄清、透明	—	—
水分及挥发物（%）		≤0.05	≤0.10	≤0.20
不溶性杂质（%）		≤0.05	≤0.05	≤0.05
酸值（KOH）（mg/g）		≤0.60	≤1.0	≤3.0
过氧化值（mol/kg）		≤6.0	≤7.0	≤7.5
加热试验（280℃）		—	无析出物，罗维朋比色：黄色值不变，红色值增加小于0.4	微量析出物，罗维朋比色：黄色值不变，红色值增加小于4.0，蓝色值增加小于0.5
含皂量（%）		—	≤0.03	≤0.03
溶剂残留量（mg/kg）	压榨油	不得检出	不得检出	不得检出
	浸出油	不得检出	≤50	

注：划有"—"者不做检测；溶剂残留量检出值小于10 mg/kg时，视为未检出。

四、青刺果油的贮藏

（一）贮藏方法

把刚榨出的青刺果油存放在底部为倒圆锥形的容器内，让其自然静置沉淀。贮油容器内壁的材料可采用玻璃、不锈钢和玻璃钢等，在贮藏过程中，需要不断地清除贮油器底部的沉淀物。这些沉淀物称为油脚。因为油脚含有蛋白质、糖类和矿物盐等，容易发酵，使油变质，所以需要及时清除。静置24 h后要清除一次，以后不定期进行清除。

（二）贮藏条件

1．贮油处要保持低温和干燥

最好是12℃～15℃，最高不能超过18℃，最低不能低于8℃。空气应新鲜，但不能潮湿。

2. 要避光

最好是利用地下室贮藏，采用人工光源，窗玻璃的颜色应为黄色或绿色。

3. 油与氧气要隔绝

因为青刺果油中含有不饱和脂肪酸，容易氧化，使油变质，所以油与氧气要隔绝。

4. 要远离其他有污染的气体

因为青刺果油的吸附能力很强，只有远离污染气体源，才能防止青刺果油污染变质。

新鲜的青刺果油在上述条件下，采用以上方法贮藏 7~8 个月后，油质最好。在以后的 4~5 个月之内保持稳定，再以后油质开始下降。为了妥善贮藏青刺果油，使之保持最好的油质，就必须创造适宜的条件，采取科学的贮藏方法，并使贮藏期处在最佳时间内。

五、防止青刺果油变质

引起青刺果油变质的主要原因是氧化。所有的青刺果油贮藏过久都会氧化变质，其化学成分的变质以酸度为主要依据。贮藏环境的温度过高、光照过强、湿度过大等，都会加快变质过程。

青刺果油的饱和脂肪酸和不饱和脂肪酸氧化后，形成低分子量有机酸醛和酮，这些物质使青刺果油带上霉味。有霉味的油颜色很淡，浓度和比重增加，热硫指数升高，发出令人作呕的气味。

油酸、亚油酸、亚麻酸等不饱和脂肪酸的氧化，为"不全氧化型"，反应速度很快，结果类似不饱和脂肪酸。

通过对青刺果油变质原因和变质过程的分析，人们从中得到启示，要防止青刺果油变质，就必须防止氧化；而要防止青刺果油氧化变质，就必须防止贮藏时间过久、温度过高、光照过强和湿度过大。

六、油渣残留油的萃取

在青刺果榨油的生产过程中，无论是采用传统的土榨法，还是采用现代的物理冷榨法，榨过油的油渣中都含有一定数量的残留油，含量通常为 4%~6%。对于油渣中的残留油，可用笨、乙烷、三氯乙烯等化学溶剂萃取。一般工艺流程：油渣→粉碎→烘干→萃取→分离。

整个工艺流程为连续机械化操作。

（1）粉碎：用粉碎机把油渣粉碎。

（2）烘干：将已粉碎的油渣，用大型转动式烘干炉烘干。

（3）萃取：将烘干后的油渣送进不锈钢萃取罐注入三氯乙烯，自下而上地将油渣全部浸泡，经过 6 h 后，油渣中的油便完全溶解在溶剂中。然后使油和溶剂的混合液体通过萃取罐的滤网，进入分离罐。对于留下的油渣，用蒸汽除去其三氯乙烯的余味后，排出萃取罐。

（4）分离：在不锈钢分离罐中，首先把油和溶剂的混合体变为雾状，然后用蒸汽把熔点高的油和熔点低的三氯乙烯分开。通过萃取工艺，可使油渣中的残留油得以分离，并被利用。

第三节　青刺尖茶的加工

青刺尖茶是一种绿色茶饮，是采用春季刚刚长出的青刺果嫩尖，经过现代科技和传统制茶工艺精心加工配制而成的，口味甘醇清爽，具有独特的天然特性和比较明显的保健功效，清热解毒的作用比较好，在平肝降火、预防肝火旺盛方面也有一定的功效，同时它还有凉血收敛的作用，对于治疗痔疮、预防便秘、治疗牙痛等效果都很好。常饮青刺尖茶，可调节血脂，祛火清肠，清咽利喉，保持身体健康。青刺尖茶在我国云南省丽江市具有悠久的饮用文化历史，是当地百姓最喜爱的茶饮之一。

一、茶叶采摘

茶叶采摘既是茶叶生产的收获过程，也是增产提质的重要树冠管理措施。青刺果树栽培和采摘合理与否决定青刺果树新梢生育状况，进而影响芽叶多少与原料的质量，最后影响青刺果园单位面积产量的高低与品质的好坏。采摘的同时，必须考虑树体的培养，以维持较长的、高效益的生产经济年限。

（一）茶叶的合理采摘

茶叶采摘的对象是青刺果树新梢上的芽叶，芽叶征状随着外界环境条件的变化、树品种不同和栽培技术的差异而变化。在新梢上采收芽叶，依不同条件可迟可早，可长可短，可大可小，没有固定的标准。因采期不同、采法不同，获得的芽叶征状和性质不同，并影响当时青刺果树或后期青刺果树的产量和品质，所以合理采摘尤为重要。合理采摘是指通过人为的采摘，协调茶叶产量和品质之间的矛盾，协调长期利益和短期利益的矛盾，取得持续、高产、优质的制茶原料，实现青刺果园长期良好的综合效益。在生产实践中，合理采摘需处理好采摘与留养、采摘质量与数量、采摘与管理等相互间的关系。

茶叶采摘与留养，与茶树生育生存有着十分密切的关系。芽叶既是采摘对象，又是青刺果树的营养器官，采摘新生的芽叶，必然会减少青刺果树光合叶面积，如果强采，留叶过少，则会增加青刺果园的漏光率，从而降低青刺果树的光合作用，减少有机物质的形成和积累，影响整株营养芽的萌发和生育，影响青刺果果实的形成。如果幼年青刺果树过早过强采摘，易造成青刺果树生育不良、树体早衰、有效经济年限缩短等问题。如果成龄果园留叶过多，或不及时采去顶芽和嫩叶，不但会因采得少降低茶叶产量，而且会多消耗水分和养料，影响青刺果果实的生长和发育，又由于树体叶片过多，树冠郁闭，中、下层着生的叶片见光少，对光合作用不利，营养生长也差。从青刺果树树体自养角度考虑，嫩芽的采收应有一定的留叶制度，否则难以实现持续、高产、优质。

合理采摘必须建立在良好的管理基础之上，只有青刺果园水肥充足，青刺果树根系发育健壮，生长势旺盛，青刺果树才能生长出量多质优的正常新梢，才有利于处理采与留的关系，达到合理采摘的目的。

合理采摘还必须与修剪技术相配合。从幼年期开始，就要注意青刺果树树冠的培养，塑造理想的树冠；成龄果树通过轻修剪和深修剪，保持采摘面生产枝健壮而平整，以利新梢萌发和提高新梢的质量；衰老树通过更新修剪，配合肥培管理，恢复树势，提高新梢生长的质量。总之，通过剪采相结合和肥培配合，使新梢长得好、长得齐、长得密，为合理采摘奠定物质基础。

（二）采摘技术

茶叶的采摘有手工采摘和机器采摘两种。手工采摘是茶叶传统的采摘方法，也是目前生产上应用最广泛、最普遍的采摘方法。它的特点是采摘精细，对茶叶的采摘标准及对茶叶的采留结合比较容易掌握，采摘批次较多，采期较长，能采得质量特优的茶叶，对树体损伤小；缺点是费工费时，工效低，成本高。机器采摘效率高，很大程度上节省采摘用工，但机器切割会对芽叶完整性带来影响。目前青刺尖茶叶的采摘主要以手工采摘为主。

一般认为，在手工采摘条件下，茶树开采期宜早不宜迟，以略早为好。特别是春茶开采期，更是如此。提早开采，可延长采期，且原料细嫩，加工成的茶叶品质高，售价也高。

要采好茶叶，又要培育好青刺果树，采摘上必须做到按标准、分批多次采，依青刺果树的树势树龄留叶采，做到采养合理，统筹兼顾，发挥最大生产效益和经济效益。

手工采茶的方法分为打顶采摘法、留真叶采摘法和留鱼叶采摘法。打顶采摘法是一种以养为主的采摘方法，适用于扩大茶树树冠的培养阶段，一般在 2～3 龄的青刺果树或青刺果树更新复壮后1~2年时采用，实行采高养低，采顶留侧，以进一步促进分枝，扩展树冠。留真叶采摘法是一种采养结合的采摘方法，既注重采，也重视留，具体采法视树龄树势而定。留鱼叶采摘法是一种以采为主的采摘方法，也是成年茶园的基本采法，具体采法是待新梢长至一芽2~3叶时，留下鱼叶采下嫩梢。

二、茶叶加工

青刺尖茶属于绿茶，加工程序简单地分为鲜叶杀青、揉捻和干燥三个步骤，其中关键在于初制的第一道工序，即杀青。鲜叶通过杀青，酶的活性钝化，内含的各种化学成分基本上是在没有酶影响的条件下由热力作用进行物理、化学变化的，因此形成了绿茶的品质特征。

（一）鲜叶杀青

用高温处理破坏茶鲜叶组织，称为杀青。杀青是绿茶初制的第一道工序，是形成绿茶品质的关键性技术工序。杀青的目的是彻底破坏鲜叶中酶的活性，制止多酚类化合物的酶促氧化，以获得绿茶应有的色、香、味；同时，蒸发叶内的部分水分，使叶子变软，增强韧性，为下一道工序揉捻造形创造条件。随着水分的蒸发，鲜叶中具有青草气的低沸点芳香物质挥发散失，从而使茶叶香气得到改善。

鲜叶采来后，要放在地上摊晾2~3 h，然后进行杀青。杀青过程均在杀青机中进行，影响杀青质量的因素有杀青温度、投叶量、杀青机种类、杀青时间、杀青方式等，它们是一个整体，互相牵连制约。

杀青锅的温度要掌握"高温杀青，先高后低"的原则，要使杀青锅或滚筒的温度达到180℃左右或者更高，以迅速破坏酶的活性，然后适当降低温度，使芽尖和叶缘不致被炒焦，影响绿茶品质，达到"均匀杀透，嫩而不生，老而不焦"的要求；杀青方法要掌握"抖闷结合，多抖少闷"的原则，达到杀透、杀匀的目的；杀青程度要掌握"嫩叶老杀，老叶嫩杀"的原则，所谓老杀，就是失水适当多些，所谓嫩杀，就是失水适当少些。因为嫩叶中酶的催化作用较强，含水量较高，所以要老杀，如果嫩杀，则酶的活性未被彻底破坏，易产生红梗红叶；杀青叶含水量过高，在揉捻时液汁易流失，加压时易成糊状，芽叶易断碎。低级粗老叶则相反，应杀得嫩，粗老叶含水量少，纤维素含量高，叶质粗硬，如杀青叶含水量少，揉捻时难以成形，加压时也易断碎。杀青叶含水量在60%左右为宜。杀青要适度，其叶子用手捏感到叶质柔软，略带粘性，折梗不断，紧握成团，略有弹性；观察叶色已由鲜绿变暗绿，无光泽，嗅其无青草气，而略有清香。杀青适度，汤色碧绿，叶底嫩绿，能达到"清汤绿叶"的要求。

（二）揉捻

将杀青叶在一定的压力下进行旋转运动，使茶叶细胞组织破损，溢出茶汁，紧卷条索的过程，称为揉捻。揉捻是绿茶塑造外形的一道工序，其目的是为干燥成形打下基础，同时通过外力作用适当破坏叶细胞组织，使叶片揉破变轻，卷转成条，体积缩小，以便于冲泡；且部分茶汁被挤溢出来，附着在叶表面，有利于提高茶的色、香、味和浓度。

制绿茶的揉捻工序有冷揉与热揉之分。所谓冷揉，就是杀青叶出锅后，经过一段时间的摊放，使叶温下降到一定程度时再揉捻；热揉是指杀青叶不经摊凉趁热进行的揉捻。一般嫩叶适合采用冷揉，尤其高级嫩叶，以保持黄绿明亮之汤色于嫩绿的叶底，以利于条索紧结，减少碎末，并能保持良好的色泽和香气；老叶纤维素含量高，揉捻时不易成条，热时软化，粘稠性好，适合采用热揉，对叶色比较有利，还能去除粗老味。

目前，除名茶仍用手工操作外，绝大部分茶叶的揉捻作业已实现机械化。人工揉捻是用双手将叶子搓揉成条；机器揉捻是利用机械旋转的摩擦力把茶叶揉成条索，即把杀青后的鲜叶装入揉桶，盖上揉捻机盖，加一定的压力进行揉捻。

（三）干燥

干燥是制成各种毛茶的最后工序。干燥的目的是蒸发水分，把已形成的品质固定下来，并缩小体积，固定外形，保留高沸点的芳香物质，充分发挥茶香，保持足干，防止霉变，便于贮藏。

绿茶干燥有烘干、炒干和晒干三种形式。绿茶的干燥工序一般先经过烘干，然后进行炒干。由于揉捻后的茶叶含水量仍然比较高，如果直接炒干，会在炒干机的锅底内迅速结成团块，茶汁易粘结锅壁。因此，茶叶易先进行烘干，使其含水量降低至符合锅炒的要求。

经干燥后的茶叶，必须达到保管条件，即含水量为 5%～6%，以手揉干茶即能成碎末。

第四节　青刺果在化妆品中的应用

青刺果油是一种纯天然护肤油脂，与人体脂质非常接近，非常容易被人体皮肤吸收，能保持皮肤的水分、营养和弹性，在护肤、美容方面有着悠久的历史和广泛的用途。目前天然化妆品已经为越来越多的人所接受，随着消费水平的不断提高，人们对价格较高的天然化妆品的承受能力也不断提升，发展天然化妆品具有很大的市场潜力。由于青刺果油具有很高的食用、医疗和保健价值，所以近年来在产品的开发工艺、品种的创新、产品的系列化生产、品牌和国内外市场拓展等方面取得了很好经验，已生产出青刺果高级食用油、软胶囊、精华素、润肤露、婴儿护肤液等系列产品。

一、青刺果的化学成分及民间应用

现代研究表明，青刺果油中含有对人体健康十分重要的三类脂肪酸、维生素及微量元素。其饱和脂肪酸、单价饱和脂肪酸和高价不饱和脂肪酸的含量大体符合3∶4∶3的关系（24∶40∶37），属于当今营养学家所推荐的最适合人体食用的保健油品。据测定，每100 g青刺果油的营养成分及含量平均为肉豆蔻酸0.06573%、棕榈酸16.39%、棕榈烯酸0.00579%、硬脂酸7.913%、油酸38.1%、亚油酸34.02%、a-亚麻酸0.5834%、r-亚麻酸1.401%，并含有A、D、E、K等多种维生素。在青刺果果仁中，含量最高的元素是钾，其次为磷、硫、镁、钙、锌、铁、锰、铜、镍、铬。

在当地民间，会将青刺果油涂抹在皮肤上，以防止蚊虫叮咬或消除跌打扭伤形成的肿块，防止皮肤干裂、瘙痒和治愈冻疮；用青刺果油擦头发能抑制头发脱落，还有使白发变黑的作用；人体皮肤局部烧伤和烫伤时，用青刺果油涂于患处可防止伤口感染，加快伤口愈合且不留疤痕；用青刺果油涂抹新生婴儿的皮肤，能促进婴儿胎毛的脱落，使皮肤干爽润滑。

二、青刺果在化妆品中的应用

经过云南白药集团上海透皮技术公司的前期同等对比和测试，青刺果油渗透性能良好，达到了各项技术需求，与地中海橄榄油进行对比，各项指标优于后者，加之其脂肪酸成分比例非常接近人体皮肤的脂质组成，所以与皮肤之间有良好的亲和性，是较好的化妆品基础原料。青刺果油不含对人体有害的成分，对人体无任何毒副作用；富含亚油酸，能提供人体必须的脂肪酸和能量，降低胆固醇含量，降低血脂；富含亚麻酸，可维持上皮细胞的正常功能。

青刺果油含维生素D，能保护与强化皮肤弹性，预防微小皱纹的产生。富含维生素E，具有抗衰老的作用，并能抑制皮肤老化和弹性下降。

青刺果油具有抗脂质过氧化作用，对紫外线所致红细胞溶血有非常显著的防护作用，对大肠杆菌、金黄色葡萄球菌等具有明显的抑制作用并能改善局部微循环，促进烫伤伤口的愈合和消除疤痕。

冬季干燥时节，人体皮肤易散失水分，造成干裂皮炎和瘙痒等不适，用青刺果油润肤，能保持皮肤的湿润嫩滑。同时，青刺果油具有消炎、润肤和修补皮肤的作用。

青刺果油酯用于头发用品中，可为头发提供营养，有助于保持头发的水分和弹性。如何提取青刺果油，保存其中的生物活性物质是人们关注的问题，目前通常采用低温萃取青刺果油，能有效保存油料中的活性物质。

三、青刺果化妆品配方应用

（一）青刺果油护肤霜

表6-3为青刺果油护肤霜配方，制备工艺如下：

（1）将A、B相分别加热至80℃、85℃。

（2）将A相加入B相中均质乳化。

（3）搅拌降温至45℃，将C相加入，搅拌降温至30℃出料。

表6-3 青刺果油护肤霜配方

	成　分	重量百分比（%）
A相	单甘酯	2.00
	十八醇	3.00
	聚乙二醇（6）鲸蜡硬脂醇	1.50
	聚乙二醇（25）鲸蜡硬脂醇	1.50
	辛酸/癸酸甘油酯	4.00
	Euxyl K300	0.30
	二甲基硅油	1.00
	棕榈酸异辛酯	3.00
	青刺果油酯	2.00
B相	1-3丁二醇	3.00
	树脂940（1%）	10.00
	甘草提取物	1.00
	甘油	5.00
	海藻糖	2.00
	去离子水	To 100.00
C相	三乙醇胺	0.10
	香精	qs

（二）青刺果油护发香波

表6-4为青刺果油护发香波配方，制备工艺如下：

（1）用适量的水加热到 75℃溶解 AES，溶解完全后自然降温，65℃时依次加入 A 相其他成分搅拌溶解完全。

（2）50℃加入 B 相、C 相搅拌溶解完全。

（3）45℃左右加入 D 相，搅拌均匀后出料。

使用后湿梳性、干梳性都有很大提高，同时感觉头发润滑光泽，湿发缠绕现象减少，头发易梳理。

表 6-4　青刺果油护发香波配方

	成　　分	重量百分比（%）
A 相	去离子水	To 100.0
	EDTA-2Na	0.1
	AES	16.0
	椰油酰胺丙基甜菜碱	8.0
	珠光浆	1.5
	椰子油脂肪酸单乙醇酰胺	2.0
B 相	丙二醇	5.0
	Euxyl K300	0.3
C 相	青刺果油酯	0.5
	DC1619	2.0
D 相	NaCl	1.0
	香精	0.2

（三）青刺果油护唇膏

表 6-5 为青刺果油护唇膏配方，制备工艺如下：

（1）将油相加入不锈钢釜中，加热至 85℃，混合直到所有物料完全熔化和均匀。

（2）将油相完全熔化后把色浆加入油相中，搅拌 30 min，直至物料均匀后，出料。

唇膏光亮度好，涂抹感觉舒适，颜色均匀，使用后滋润、光泽。

表6-5　青刺果油护唇膏配方

成　　分	重量百分比（%）
蓖麻油	22.70
二硬脂醇苹果酸酯	14.00
棕榈酸辛酯	12.50
地蜡	11.34
色浆	10.00
聚甘油-2三异硬脂酸酯	8.90
小烛树蜡	7.75
蜂蜡	5.86
卡那巴蜡	5.80
青刺果油酯	2.00
Euxyl K300	0.20

　　通过低温萃取的青刺果油保留了纯天然的生物活性成分，其主要成分为多不饱和脂肪酸和单不饱和脂肪酸，与人体脂质非常接近，因此渗皮性特别好，人体皮肤也非常容易吸收，有助于保持皮肤的水分、营养和弹性，是化妆品行业不可多得的纯天然护肤品的基质原料。当今世界化妆品的流行趋势是回归自然，绿色环保，采用纯天然原料替代化学合成原料，青刺果油正是这样一种纯天然护肤油脂，具有广阔的应用前景。

主要参考文献

[1] 周玲仙，郭祥亮. 云南食用生物资源探秘［M］. 昆明：云南科技出版社，2008.

[2] 杜萍，单云，孙卉，等. 丽江产野生青刺果油营养成分分析［J］. 食品科学，2011，32（20）：217－220.

[3] 刘树葆，张蕾. 青刺果化妆品应用研究［J］. 北京日化，2010（1）：38－40.

[4] 张宇，蒋召雪. 野生青刺果研究综述［J］. 西昌学院学报（自然科学版），2007，21（3）：34－36.

[5] 和琼姬，和加卫. 青刺果研究概述［J］. 中国农学通报，2016，32（7）：74－78.

[6] 范志远，习学良，欧阳和，等. 青刺果的植物学特性及其人工栽培技术［J］. 西部林业科学，2005，34（4）：47－52.

[7] 张胜荣，李凤艳. 兰坪县青刺果育苗技术［J］. 现代园艺，2014（4）：34.

[8] 杨建华，范志远，李淑芳，等. 青刺果播种育苗技术的初步研究［J］. 中国野生植物资源，2011，30（2）：66－68.

[9] 郑鹏，张玥. 青刺果茎段微繁殖研究［J］. 现代农业科技，2017（14）：53.

[10] 杨云. 青刺果种苗的繁育技术［J］. 农村实用技术，2015（12）：44－46.

[11] 唐宗英. 青刺果播种育苗技术初探［J］. 云南农业，2014（5）：67－68.

[12] 冯学文. 实用果树栽培技术［M］. 天津：天津科学技术出版社，1993.

[13] 和学胜，奚汝辉，奚俊玉，等. 青刺果人工高产栽培技术［J］. 农村实用技术，2009（6）：39－41.

[14] 张天柱. 果树高效栽培技术［M］. 北京：中国轻工业出版社，2013.

[15] 农家大讲坛. 兴林富民专题讲座：青刺果经营管理办法［J］. 致富天地. 2016（1）：54－55.

[16] 徐长山，张珍荫，徐萍，等. 丽江市木本油料林主要有害生物及其治理措施［J］. 林业调查规划，2016，41（4）：108－116.

[17] 农家大讲坛. 兴林富民专题讲座：青刺果果实采收与果油低温萃取［J］. 致富天地，2016（2）：52.